江苏高校优势学科建设工程资助项目
江苏高校品牌专业建设工程资助项目　资助

NCL 数据处理与绘图基础教程

施　宁　潘玉洁　于恩涛　汪　君　编著

U0345298

气象出版社
China Meteorological Press

内 容 简 介

　　本书详细介绍了 NCL 在各操作系统中的安装步骤、基本语法、文件读写、数据运算和绘图等基础功能。同时,本书还介绍了 NCL 与第三方软件的联动(如 Fortran、文本编辑器、Python、CDO、VAPOR 等)。本书中部分示例脚本可在气象出版社官网下载。本书适合大气科学专业及其他地学专业本科及研究生学习使用,也可供相关科研业务人员参考使用。

图书在版编目(CIP)数据

　　NCL 数据处理与绘图基础教程 / 施宁等编著. — 北京 : 气象出版社,2018.3 (2021.4重印)
　　ISBN 978-7-5029-6747-5

　　Ⅰ. ①N… Ⅱ. ①施… Ⅲ. ①计算机制图-高等学校-教材-Ⅳ. ①TP391.72

　　中国版本图书馆 CIP 数据核字(2018)第 053508 号

NCL 数据处理与绘图基础教程

出版发行:气象出版社

地　　址:北京市海淀区中关村南大街 46 号		**邮政编码**:100081	
电　　话:010-68407112(总编室)　010-68408042(发行部)			
网　　址:http://www.qxcbs.com		**E-mail**:qxcbs@cma.gov.cn	
责任编辑:黄红丽　郑乐乡		**终　　审**:吴晓鹏	
责任校对:王丽梅		**责任技编**:赵相宁	
封面设计:楠竹文化			
印　　刷:三河市百盛印装有限公司			
开　　本:720 mm×960 mm　1/16		**印　　张**:18.5	
字　　数:373 千字		**彩　　插**:8	
版　　次:2018 年 3 月第 1 版		**印　　次**:2021 年 4 月第 3 次印刷	
定　　价:78.00 元			

本书如存在文字不清、漏印以及缺页、倒页、脱页等,请与本社发行部联系调换。

前　　言

NCAR Command Language(NCL)是美国国家大气研究中心(NCAR)针对大气科学研究与气象业务需求推出的免费的数据处理与绘图软件。该软件的平台适用性强,可安装在 Linux、Windows 和 MacOSX 操作系统下。NCL 内置了许多函数和程序,具有很强的读、写、处理和可视化科学数据的能力。目前,NCL 已被大气科学界公认为一款功能强大的计算与绘图工具,正受到越来越多的科研院所师生及相关从业人员的重视与喜爱。

本书根据作者数年来的 NCL 实践教学和科研使用经验,参照 NCL 官网上提供的示例及《NCL User Guide》,系统全面地介绍了 NCL 在各操作系统中的安装步骤、基本语法、文件读写、数据运算和绘图等基础功能。同时,本书还对一些重点与难点进行了详细介绍,便于读者更好地理解。同时,本书还介绍了 NCL 与第三方软件的联动(如 Fortran、文本编辑器、Python、CDO、VAPOR 等),这可极大地提高 NCL 的使用效率,扩展其应用范围。本书中部分示例脚本可在气象出版社官网上(网址:http://www.qxcbs.com/ebook/ncljc/mdata.html)下载,方便读者使用。

本书在编写出版过程中,得到了南京信息工程大学及其教务处、大气科学学院领导的大力支持,在此向他们表示诚挚的谢意。同时感谢江苏高校优势学科建设工程、江苏高校品牌专业建设工程及南京信息工程大学大气科学与环境气象实习教材建设项目为本书的撰写提供了经费支持。本书第 1 章、第 3 章由南京信息工程大学潘玉洁老师执笔,第 2 章、第 4 章由中国科学院大气物理研究所于恩涛副研究员执笔,第 9 章由中国科学院大气物理研究所汪君高级工程师执笔,其余章节由南京信息工程大学施宁副教授执笔。南京信息工程大学大气科学学院王晓琼硕士研究生、田平宇硕士研究生提供了第 5 章至第 8 章内容素材。特别感谢中国科学院大气物理研究所董理副研究员、海南省气象台李勋高级工程师、南京信息工程大学杨胜朋副教授、李忠贤副教授、孙晓娟副教授对本书提出了许多宝贵修改意见。由于作者学识有限、时间仓促,谬误在所难免,敬请读者批评指正。

作　者

2017 年 10 月

目　　录

前　言

第 1 章　**NCL 基础知识** ……………………………………………（1）

1.1　NCL 简介 ………………………………………………………（1）

1.2　NCL 的官方学习资料 …………………………………………（1）

1.3　数据格式和图形格式 …………………………………………（2）

　　1.3.1　支持的数据和图形格式 …………………………………（2）

　　1.3.2　NetCDF 及其元数据 ……………………………………（3）

1.4　本书中的示例脚本和数据 ……………………………………（5）

1.5　NCL 技术支持 …………………………………………………（6）

第 2 章　**安装运行** ………………………………………………（7）

2.1　Linux 操作系统 ………………………………………………（7）

　　2.1.1　下载安装 NCL ……………………………………………（7）

　　2.1.2　测试 ………………………………………………………（9）

　　2.1.3　常见安装问题 ……………………………………………（10）

2.2　MacOSX 操作系统 ……………………………………………（13）

　　2.2.1　下载安装 NCL ……………………………………………（13）

　　2.2.2　测试 ………………………………………………………（13）

　　2.2.3　常见安装问题 ……………………………………………（13）

2.3　Cygwin Unix 模拟器 …………………………………………（15）

　　2.3.1　下载安装 Cygwin/X ……………………………………（16）

　　2.3.2　下载安装 NCL ……………………………………………（17）

　　2.3.3　测试 ………………………………………………………（18）

2.4　Windows 10 操作系统 ………………………………………（18）

2.5　NCL 运行方式 …………………………………………………（19）

第 3 章　**基本语法** ………………………………………………（21）

3.1　语法字符 ………………………………………………………（21）

3.2　表达式 …………………………………………………………（21）

　　3.2.1　数学表达式 ………………………………………………（22）

    3.2.2　逻辑表达式 ……………………………………………（22）

  3.3　数据类型 ………………………………………………………（23）

  3.4　变量及元数据 …………………………………………………（25）

    3.4.1　属性 …………………………………………………（25）

    3.4.2　命名维 ………………………………………………（26）

    3.4.3　坐标变量 ……………………………………………（26）

    3.4.4　字符串引用 …………………………………………（27）

    3.4.5　保留及删除元数据 …………………………………（28）

    3.4.6　变量赋值 ……………………………………………（28）

    3.4.7　列表变量 ……………………………………………（35）

  3.5　数组 ……………………………………………………………（38）

    3.5.1　数组索引 ……………………………………………（39）

    3.5.2　命名索引 ……………………………………………（40）

    3.5.3　坐标变量索引 ………………………………………（40）

    3.5.4　数组优化应用函数介绍 ……………………………（41）

  3.6　语句 ……………………………………………………………（46）

    3.6.1　块 ……………………………………………………（46）

    3.6.2　If 语句 ………………………………………………（47）

    3.6.3　循环 …………………………………………………（48）

  3.7　输出数据和变量信息 …………………………………………（48）

  3.8　保留的关键词 …………………………………………………（49）

第 4 章　文件读写 ……………………………………………………（50）

  4.1　函数 addfile 和 addfiles ………………………………………（50）

  4.2　创建 NetCDF 文件 ……………………………………………（52）

  4.3　读取 ASCII 文件 ………………………………………………（54）

  4.4　创建 ASCII 文件 ………………………………………………（59）

  4.5　读取 CSV 文件 …………………………………………………（63）

  4.6　创建 CSV 文件 …………………………………………………（66）

  4.7　读取二进制文件 ………………………………………………（67）

  4.8　创建二进制文件 ………………………………………………（70）

第 5 章　常见计算函数举例 …………………………………………（72）

  5.1　数组的平均值 …………………………………………………（72）

  5.2　数组的标准差 …………………………………………………（73）

  5.3　加权面积平均 …………………………………………………（74）

　5.4　滑动平均 ···（74）

　5.5　线性回归 ···（75）

　5.6　月平均资料计算年平均 ·······························（76）

第 6 章　网格转换（regridding） ·························（77）

　6.1　函数 ESMF_regrid ····································（78）

　6.2　曲线网格转换成等经纬度网格 ·······················（81）

　6.3　曲线网格转换为指定文件中的等经纬度网格 ···········（83）

　6.4　非结构网格转换成等经纬度网格 ·····················（85）

　6.5　非结构网格转换为指定文件中的等经纬度网格 ·········（87）

　6.6　直线网格转换为曲线网格 ···························（89）

第 7 章　绘图 ··（92）

　7.1　.hluresfile 文件 ·······································（92）

　7.2　NCL 绘图步骤 ···（93）

　7.3　色板 ··（95）

　　7.3.1　色板 ··（95）

　　7.3.2　颜色透明 ··（97）

　　7.3.3　自定义色板 ······································（98）

　7.4　绘图参数 ··(100)

　　7.4.1　视图（viewport） ··································(102)

　　7.4.2　字符——文本函数码（function code） ············(103)

　　7.4.3　图题及坐标轴名称（title） ·······················(109)

　　7.4.4　地图（map） ······································(110)

　　7.4.5　坐标刻度线及其标签（tickmark） ·················(116)

　　7.4.6　色标（labelbar） ··································(120)

　7.5　程序 draw 和 frame ···································(122)

　7.6　添加文本（text） ·····································(124)

　7.7　多边形（polygon）、任意折线（polyline）和标识（polymarker）(127)

　7.8　折线图（XY）和图例（legend） ·······················(131)

　　7.8.1　多根折线及图例 ··································(131)

　　7.8.2　倒置 Y 轴 ·······································(133)

　　7.8.3　气压对数坐标垂直剖面 ····························(134)

　　7.8.4　添加误差条 ······································(136)

　　7.8.5　参考值上下不同填色 ······························(138)

　　7.8.6　沿 X 轴堆叠系列折线 ····························(139)

　7.8.7　两根折线之间填色 ·· (143)

　7.8.8　两个 X 轴 ·· (145)

　7.8.9　两个 Y 轴并控制坐标标签的精度 ·· (149)

　7.8.10　三个 Y 轴 ·· (150)

7.9　散点图(scatter) ·· (153)

　7.9.1　折线图中的散点 ··· (153)

　7.9.2　标识(polymarker)散点 ··· (154)

7.10　柱状图(bar chart) ··· (157)

　7.10.1　一个变量的柱状图 ·· (157)

　7.10.2　多个变量的柱状图 ·· (159)

7.11　直方图(histogram) ··· (161)

　7.11.1　多个变量的直方图 ·· (161)

　7.11.2　堆栈形式 ··· (163)

7.12　等值线图(contour) ··· (165)

　7.12.1　等值线及其标签 ··· (165)

　7.12.2　等值线线条与标签的显示方式 ··· (167)

　7.12.3　正、零和负值等值线采用不同颜色 ·· (169)

　7.12.4　等值线形状填充 ··· (171)

　7.12.5　栅格图 ·· (174)

　7.12.6　添加纬向平均 ·· (175)

7.13　矢量图(vector) ··· (178)

　7.13.1　水平矢量 ··· (178)

　7.13.2　垂直矢量 ··· (181)

7.14　气压/高度剖面图 ·· (184)

7.15　图形叠加(overlay) ··· (186)

　7.15.1　折线图叠加 ··· (186)

　7.15.2　等值线叠加 ··· (188)

　7.15.3　等值线及箭头的叠加 ·· (190)

　7.15.4　不同分辨率图形的叠加 ·· (192)

7.16　组图(panel) ··· (196)

7.17　曲线网格及非结构网格 ·· (199)

7.18　旋转网格 ··· (200)

　7.18.1　在原网格(native grid)上绘图 ·· (201)

　7.18.2　转换旋转网格至非旋转经纬度网格 ·· (204)

7.19　不规则区域内绘图 ·· (210)

7.20　中国台站资料 ·· (213)

7.21　插入 logo ·· (220)

7.22　动画 ··· (222)

第8章　NCL 高级特性 ··· (226)

8.1　遮盖(masking)图 ··· (226)

8.2　日期转换 ·· (228)

8.3　字符串处理 ·· (231)

8.4　系统调用 ·· (232)

8.5　自定义函数和程序 ·· (234)

8.5.1　程序 ··· (234)

8.5.2　函数 ··· (237)

8.6　调用外部 Fortran 语言或 C 语言程序代码 ·················· (239)

8.6.1　Fortran77 代码 ··································· (240)

8.6.2　Fortran90 代码 ··································· (243)

8.6.3　C 语言程序代码 ·································· (245)

8.6.4　须注意的问题 ····································· (250)

8.6.5　常见问题的解决方法 ······························· (255)

8.6.6　测试 WRAPIT ····································· (257)

第9章　第三方软件和工具 ······································ (259)

9.1　文本编辑器 ·· (259)

9.1.1　Sublime Text ···································· (259)

9.1.2　Atom ·· (260)

9.1.3　Vim ··· (261)

9.1.4　其他编辑器 ······································· (262)

9.1.5　关于编辑器的补充内容 ····························· (262)

9.2　PyNGL 和 PyNIO ··· (264)

9.2.1　PyNGL 及 PyNIO 简介及安装 ······················ (264)

9.2.2　PyNGL 使用简介 ·································· (265)

9.3　Python、Matplotlib 以及 Basemap 等 ······················ (270)

9.3.1　Python 科学计算及作图简介 ······················ (271)

9.3.2　大气和海洋科学常用的 Python 程序包简介 ············ (272)

9.3.3　Basemap 和 Cartopy 程序包简介及示例 ············· (272)

9.4　CDO 和 NCO ·· (275)

9.4.1 CDO ……………………………………………… (275)

9.4.2 NCO ……………………………………………… (278)

9.5 包含在 NCL 软件包中的其他 shell 命令 …………………… (279)

9.6 VAPOR 和 UV-CDAT ……………………………… (280)

思考题 …………………………………………………… (282)

参考文献 ………………………………………………… (285)

附录　几个常用的绘图要素图示 ………………………… (286)

实习资料下载说明

本书中部分示例脚本可从气象出版社网站下载。网址为：http://www.qx-cbs.com/ebook/ncljc/mdata.html。

第 1 章　NCL 基础知识

1.1　NCL 简介

NCL 全称 NCAR Command Language,是美国国家大气研究中心(NCAR)研发的专门用于科学数据处理和可视化的一门开源解释性语言,其官方网页为 http://www.ncl.ucar.edu/。

NCL 具有现代编程语言许多特征,有数据类型、变量、运算符、表达式、条件语句、循环以及函数和程序。因它是一种编程语言,用户须具有一定的编程语言使用经验。对于无编程经验的用户而言,也不必过于担心。因为许多计算和处理任务也并不需要高级的编程技巧,如转换文件格式和创建图形文件,用户只需调用相应的NCL 内置函数即可。除常见的编程功能外,NCL 还具有一些特别的功能,如元数据处理,图形输出的配置,各种数据格式的读取以及数组的代数运算。

NCL 主要有三个使用领域。一是文件读写。NCL 具有独特的语法,支持NetCDF,HDF4 和 HDF5 等数据格式读写,能够便捷地访问、读取和输出整个变量、部分变量(数组切片)以及变量的附加信息(即元数据,它通常是网格的坐标信息、单位、缺省值等)。二是数据处理。数据处理的难度取决于用户对数据处理要求的复杂性。学习编写高效的 NCL 数据处理代码需要对编程语言有相当多的了解。三是绘图。NCL 绘图过程简单明了,主要通过 NCAR Graphics 高级应用程序库(HLU)实现图形的绘制。

NCL 的主要设计目的是快捷简单地读取各种数据格式、处理数据以及创建图形。它旨在提供一个集成的环境,可交互地选择、处理和可视化数据,而不需要编译。虽然 NCL 不能替代其他结构化语言编程,但它支持调用外部 C 语言程序和 Fortran程序,这使得 NCL 可无限扩展其功能。

1.2　NCL 的官方学习资料

NCL 官网上有"精简"使用手册 2 套以及 1 套用户指南,可由以下链接下载和打印:

绘图：http://www. ncl. ucar. edu/Document/Manuals/graphics_man. pdf
语法：http://www. ncl. ucar. edu/Document/Manuals/language_man. pdf
用户指南：http://www. ncl. ucar. edu/Document/Manuals/NCL_User_
　Guide/NCL_User_Guide_v1.1_A4. pdf

此外，NCL 官网还提供了在线教程和范例：

操作入门教程：http://www. ncl. ucar. edu/Document/Manuals/Getting_
　Started/
参考指南：http://www. ncl. ucar. edu/Document/Manuals/Ref_Manual/

1.3　数据格式和图形格式

1.3.1　支持的数据和图形格式

NCL 可以读入以下数据格式：

✓ netCDF3，netCDF4
✓ HDF4-SDS，HDF2-EOS，HDF5，HDF5-EOS
✓ GRIB1，GRIB2
✓ CCM 历史数据
✓ shapefile
✓ 无格式二进制文件（binary）
✓ ASCII

NCL 可以输出以下数据格式：

✓ netCDF3，netCDF4
✓ HDF4，HDF5
✓ 无格式二进制文件
✓ ASCII

NCL 可以输出以下图形格式文件：

✓ PS，EPS，EPSI

✓ PDF

✓ PNG

✓ SVG（适用于网页）

✓ NCGM（较老的图形格式，不推荐）

✓ X11（X11 可视化窗口）

1.3.2　NetCDF 及其元数据

NetCDF(Network Common Data Form)网络通用数据格式是由 UNIDATA 研发的一种自描述（self-describing foramt）且和机器无关的网络通用数据格式。NetCDF数据的主页为 http://www.unidata.ucar.edu/software/netcdf/，安装源代码可从 GitHub 下载，下载页为 http://github.com/Unidata/netcdf-c。

NetCDF 数据的自描述性表现在数据本身的说明（元数据）与数据内容均存储在同一数据文件中。如图 1.1 所示，组为一个独立的 NetCDF 数据，每个组具有属性、维度和变量。属性和变量的描述为全局性元数据，变量中斜体部分则为变量元数据。其中，NetCDF 元数据是 NetCDF 数据文件中用以描述数据相关信息的数据，它有助于用户正确地理解和使用数据，如网格信息、数据的维数和坐标信息（经度、纬度、高度、时间……）、变量名称、单位和全局信息等。

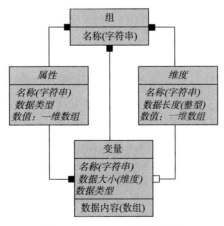

图 1.1　NetCDF 的存储形式

例如，在终端中输入如下命令：

```
ncl_filedump uwnd. mon. ltm. nc
```

终端中将返回如下的信息：

```
dimensions：
      time = 1    // unlimited
      lat = 64
      lon = 128
      lev = 18
   variables：
      float PS ( time, lat, lon )
         long_name ：surface pressure
         units ：Pa
         time_op ：average
      float T ( time, lev, lat, lon )
         long_name ：temperature
         units ：K
         time_op ：average
      float lat ( lat )
         long_name ：latitude
         units ：degrees_north
      float lev ( lev )
         long_name ：hybrid level at layer midpoints (1000 * (A+B))
         units ：hybrid_sigma_pressure
         positive ：down
         A_var ：hyam
         B_var ：hybm
         P0_var ：P0
         PS_var ：PS
         bounds ：ilev
      float lon ( lon )
         long_name ：longitude
         units ：degrees_east
```

```
double time（time）
    long_name：time
    units：days since 1980-01-01 00：00：00
```

可见,该文件中存在 6 个变量分别为 PS、T、lat、lev、lon、time,其中只有 time 为
双精度型,其余均为浮点型。变量 PS 为三维数组,变量 T 为四维数组,其余均为一
维数组。变量 PS 从左往右的各维名称分别为"time"、"lat"和"lon",而变量 PS 为
"time"、"lev"、"lat"和"lon",这些为变量的维名称。一维变量 lat、lev、lon、time 描述
了变量 PS 与 T 的坐标信息,它们被称为坐标变量。变量 PS 与 T 均含有"long_
name"与"units"信息,这些信息被称为属性。上述维名称、坐标变量与属性被称为元
数据。

　　HDF 数据(包括 HDF4 和 HDF5)也为自描述性文件,数据主页为:

```
https：//www.hdfgroup.org/products/hdf4/
https：//support.hdfgroup.org/HDF5/
```

可通过以下命令查看 HDF 文件信息:

```
ncl_filedump uwnd.mon.ltm.hdf
```

可见,与查看 NetCDF 文件信息不同之处仅在于文件的后缀名产生了变化。

1.4　本书中的示例脚本和数据

　　本书介绍的范例脚本主要有三个来源,一是来自用户指南教程(NCL User
Guide),本书保留了原有脚本名称,这些脚本以"NUG"为开头;二是来自 NCL 官
网 http：//www.ncl.ucar.edu/Applications/,由于官网脚本是按类型加序号命名,
如 xy_1.ncl、xy_2.ncl 等,考虑到本书章节内容安排不同于其官网,因而未采用其
原脚本名称,而是将其改为以"NCL"为开头加类型的命名方法,如 NCL_xy_yrev.
ncl;三是作者创建的脚本,如 plot-china-station.ncl。须指出的是,本书介绍的
"NUG"与"NCL"脚本已经过作者修改,比如添加了中文注释、删减一些重复或不
重要的代码、调整代码的编写顺序、更正错误代码,修正后的脚本更易于读者理解
和掌握 NCL。
　　对于较长的代码行,本书采用了两种展示方式。一是较少地使用了行连接符
"\",如 7.4.2 节中:

```
res@tmXBLabels = (/" Jan ~C~2000"," Feb ~C~2000", \
                     " Mar ~C~2000"," Apr ~C~2000", \
                     " May ~C~2000"," Jun ~C~2000", \
                     " Jul ~C~2000"," Aug ~C~2000", \
                     " Sep ~C~2000"," Oct ~C~2000", \
                     " Nov ~C~2000"," Dec ~C~2000", \
                     " Jan ~C~2001"/)
```

可见,代码并未写满至各行的最右端。二是大量使用了段落悬挂缩进的方式,如 4.3 节中:

```
print("Year:"+year+" month:"+month+" day:"+day+" hour:"+
    hour+" minute:"+minute)
```

该代码首先写满了第一行,剩余代码则在第二行中采用悬挂缩进的方式展示。这是考虑到在实际编程过程中,行连接符"\"的使用频率较低,且文本编辑器(见 9.1 节)会帮助用户自动实现换行而无需手动添加"\"。

上述第三类以"plot"为开头的示例脚本及相应数据可从气象出版社网站下载,地址为 http://www.qxcbs.com/ebook/ncljc/mdata.html,读者下载后可对照操作。

1.5　NCL 技术支持

NCL 研发组提供两个邮件地址:一个处理安装问题 ncl-install@ucar.edu,一个解决一般问题、信息交换和程序漏洞报告 ncarg-talk@ucar.edu。在向上述邮件地址发送请求之前,需要事先订阅。订阅前请仔细阅读订阅指南:http://www.ncl.ucar.edu/Support/posting_guidelines.shtml。

NCL 提供了常见问题解答网页 http://www.ncl.ucar.edu/FAQ/,用户遇到的一些问题通常可在这里得到解决。

第 2 章　安装运行

地球系统网格(Earth System Grid,简称 ESG)网站提供了两种类型的 NCL 文件(https://www.earthsystemgrid.org/dataset/ncl.html)以供下载:源代码包和预编译可执行文件(Precompiled Binaries)。若用户选择下载 NCL 源代码包,则须根据本地操作系统环境自行编译生成可执行文件,这需具备编译器、函数库及本地软件环境等相关知识,此过程相对复杂,编译过程中诊断、调试难度较高,费时费力。建议初级用户选择下载 NCL 预编译可执行文件压缩包,解压缩后即可使用,本章也将以这种方式为例进行介绍。

ESG 提供如下操作系统的预编译可执行文件压缩包:

- Linux(i686,x86_64 内核,gcc 版本不低于 4.4)
- MacOSX(Intel,32 及 64 位)
- Windows 操作系统(借助 Cygwin Unix 模拟器)
- Windows 10(利用 Linux Bash shell)

2.1　Linux 操作系统

2.1.1　下载安装 NCL

(1)首先下载压缩包文件。在 ESG 网站中找到文件名中含"NCL * Linux * tar.gz"字样的文件,这些文件即适合在 Linux 系统下安装的 NCL 预编译可执行文件的压缩包,如

```
ncl_ncarg-6.4.0.Linux_RHEL6.4_x86_64_gnu472.tar.gz
```

该文件名中"RHEL"表示 Linux 系统类型为红帽 Linux 系统企业版(Red Hat Enterprise Linux),"x86_64"表示该压缩包适用于 64 位 CPU 架构,"gnu472"要求本地操作系统 gcc 编译器的版本为 4.7.2 或者更高。

可见,用户在下载 NCL 预编译可执行文件前,须知晓本机 Linux 属于哪个发行版本、使用的 CPU 架构以及 Linux 中编译器类型(gnu、intel 等)及版本等详细信息。在大型超级服务器上(如神威太湖之光、天河等),一般存在多个编译器及版本,详细

信息建议咨询系统管理员或者查看系统公告。其他情况下用户可以自行确定该信息,具体查询命令如下:

```
uname -m
cat   /etc/issue
gcc   -version（或 gcc -v）
```

如果以上命令的返回值分别为"x86_64","Debian 8"和"4.9.2",则可下载下列两个版本中的任一版本:

```
ncl_ncarg-6.4.0.Linux_Debian8.6_x86_64_gnu492.tar.gz
ncl_ncarg-6.4.0.Linux_Debian8.6_x86_64_nodap_gnu492.tar.gz
```

须注意的是,预编译可执行文件需要和本机 CPU 架构一致。不可将一个"x86_64"可执行文件运行在"i686"系统上。

此外,尽量找最匹配的 Linux 发行版本和 gcc 版本号,如果没有完全符合的,则可尝试相近或相似 Linux 和 gcc 版本,例如在"CentOS"或"Fedora"等 Linux 系统上,使用"RedHat"压缩包;在"Ubuntu"系统上,使用"Debian"压缩包。

(2)安装 NCL。由于 NCL 程序解压缩即可使用,因此用户在安装前须确定 NCL 的安装目录(用户账号在该目录下需要有写入权限)。例如,用户希望将 NCL 安装在"/usr/local/ncl640"路径下,则可执行如下命令创建该文件夹,并将 NCL 解压解包至该路径下:

```
mkdir /usr/local/ncl640
tar -zxf ncl_ncarg—6.4.0.Linux_Debian8.6_x86_64_gnu492.tar.gz -C
   /usr/local/ncl640
```

(3)设置环境变量。解压缩后,需要将 NCL 安装路径加入环境变量,完成安装。不同的 shell 环境下添加的方式略有不同,一般多采用修改用户家目录(home)路径下的环境变量配置文件。

①csh 或 tcsh 时,在".cshrc"或".tcshrc"文件中添加:

```
setenv NCARG_ROOT /usr/local/ncl640
setenv PATH $ NCARG_ROOT/bin: $ PATH
```

②bash 或 ksh 时,在".bash_profile"、".profile"或".bashrc"文件中添加:

```
export NCARG_ROOT=/usr/local/ncl640
export PATH= $ NCARG_ROOT/bin：$ PATH
```

③sh 时，在". bash_profile"或". profile"文件中添加：

```
NCARG_ROOT=/usr/local/ncl640
PATH= $ NCARG_ROOT/bin：$ PATH
export NCARG_ROOT
export PATH
```

环境变量设置完毕后，重新登陆系统或通过命令"source"即可使上述设置生效。以修改. bashrc 文件为例：

```
source   ~/. bashrc
```

事实上，如果是 Debian(Ubuntu)类系统，直接使用如下命令：

```
sudo apt-get install ncl-ncarg
```

可以直接安装好，并自动解决各种环境变量和依赖关系，推荐使用。另外，如果 Linux 系统中有 Conda 管理包，则还可以通过下列命令来安装：

```
conda install ncl -c conda-forge
```

2.1.2 测试

为测试 NCL 是否正确安装，可首先在终端（Terminal）中输入如下命令检查 NCL 的版本信息：

```
ncl -v
```

随后，直接运行：

```
ng4ex xy04n. ncl
```

或在终端中输入如下命令以测试绘图功能：

```
cp $ NCARG_ROOT/lib/ncarg/nclex/xyplot/xy04n. ncl . /
ncl xy04n. ncl
```

如果 NCL 正确安装则会在屏幕上弹出一个折线图形的 X 窗口。鼠标左击图形的任意位置后,该 X 窗口将消失。

如果系统提示 NCL 未能找到某个库文件,如"libxxx. so",则表明系统中缺失某些库函数,需要用户自行安装相应的库文件或软件包,具体解决方式将在下一节中详细介绍。

如果系统提示"warning:GKS:GOPWK:--X driver error:error opening display",则表明"DISPLAY"环境变量未设置或设置不合理。请在终端中输入如下命令以检查其值是否设置正确:

```
printenv DISPLAY
```

或者:

```
echo $DISPLAY
```

如果无输出或输出结果不正确,则需要用户对环境变量做相应修改,通常设为":0.0"。如果错误提醒一直出现,可发送邮件至 ncl-install@ucar. edu 咨询(见 1.5 节)。

2.1.3　常见安装问题

(1)libgfortran 库不匹配

NCL 预编译可执行文件多采用 gcc 和 gfortran 编译完成,这可能会与本地 Linux 系统中的"libgfortran. so. x"文件存在冲突,从而使 NCL 无法正常运行。如果系统的 gfortran 版本和 NCL 编译时的 gfortran 版本不一致,会导致如下报错信息 "libgfortran. so. x can't be found"。用户通常可采用如下解决方法。

①利用网络搜索引擎查询解决方案,通常网络社区中用户会共享遇到问题及解决方法等。

②更新本地系统中 gfortran 版本,与安装包要求相匹配。在 Linux 系统中,一般允许用户安装多个版本的 gfortran 软件,但通常需要超级用户(root)权限。

③如果本地系统中已存在所需要的 gfortran 版本,但用户并不清楚具体位置,除咨询系统管理员外,也可以使用 locate 命令查询:

```
locate libgfortran. so. x
```

如果返回该库函数的路径,则只需将返回的路径加入环境变量 LD_LIBRARY_PATH 中即可。例如,返回的路径为/usr/local/lib,则根据不同的 shell 环境设置 LD_LIBRARY_PATH,具体方法如下所示。

如果是 csh 或者 tcsh,则在家目录的环境变量文件中添加如下语句:

```
setenv LD_LIBRARY_PATH /usr/local/lib
```

如果是 bash 或者 ksh,则在家目录的环境变量文件中添加如下语句:

```
export LD_LIBRARY_PATH=/usr/local/lib
```

如果是 sh,则在家目录的环境变量文件中添加如下语句:

```
export LD_LIBRARY_PATH=/usr/local/lib
```

④如果还是无法解决该问题,可给 ncl-install@ucar.edu 发邮件咨询,描述所遇到的问题,获取开发组的帮助。

(2)libxxx.so 库缺失

一部分 NCL 可执行文件包支持 OPeNDAP 功能,这需要多个外部共享函数库。如果运行 NCL 后出现诸如无法找到"libxxx.so"库的报错信息,请参考如下解决方法。

①如用户并不需要 OPenDAP 功能,则可在 ESG 网站上重新下载和安装不支持 OPenDAP 功能的 NCL 可执行文件。

②如的确需要 OPenDAP 功能,则确认系统中是否已安装"OpenSSL"程序。如果已安装,则找到该程序的路径(如/usr/local/openssl),将其加入环境变量 PATH 中,具体方法如下。

如果是 csh/tcsh,须修改".cshrc"或者".tcshrc"文件:

```
setenv OPENSSL /usr/local/openssl
setenv PATH $NCARG_ROOT/bin:$PATH
```

如果是 bash/ksh,须修改".bash_profile"或者".profile"或者".bashrc"文件:

```
export OPENSSL=/usr/local/openssl
export PATH=$NCARG_ROOT/bin:$PATH
```

如果是 sh,须修改".bash_profile"或者".profile"文件:

```
OPENSSL=/usr/local/openssl
PATH=$NCARG_ROOT/bin:$PATH
export OPENSSL
export PATH
```

如果系统中并未安装该程序，则须根据 Linux 系统的类型在终端中输入如下命令安装。

Redhat 类 Linux 系统（如 Fedora、CentOS 等），使用 yum 软件管理工具安装：

```
yum install openssl
```

Debian 类 linux 系统（如 Ubuntu、LinuxMint、Deepin 等），则使用 apt 软件管理工具安装：

```
sudo apt-get openssl
sudo apt-get install openssl
```

然后将该程序的路径加入至环境变量 PATH 中。

（3）安装 Linux 系统中其他软件

①cairo、X11 及其他依赖库

若需启动 X11 图形界面，则用户须根据操作系统的类型来安装 cairo、X11 及 bz2 相关软件。

Redhat 类 linux 系统，使用 yum 软件管理工具安装：

```
yum install libX11-devel
yum install cairo-devel
yum install libbz2-dev
```

Debian 类 linux 系统，则使用 apt 软件管理工具安装：

```
sudo apt-get install x11-dev xorg-dev libx11-dev
sudo apt-get install libcairo-devel
sudo apt-get install libbz2-dev
```

②tcsh 或 csh

如果需要运行 ng4ex 或者 nhlcc，则须安装 tcsh 或者 csh，具体如下。

Redhat 类 Linux 系统，使用 yum 软件管理工具安装：

```
yum install tcsh
```

Debian 类 Linux 系统，则使用 apt 软件管理工具安装：

```
apt-get install csh
```

2.2　MacOSX 操作系统

2.2.1　下载安装 NCL

　　首先下载 ESG 中压缩包名称中含有"MacOS＊. tar. gz"字样的 NCL 预编译可执行文件。所有 MacOSX 的预编译可执行文件均为 64 位,即使是文件名中包含了"i386"。这是因为在 MacOSX 系统中,所有软件在用 gcc 和 gfortran 编译时都添加了"-m64"选项。如果用户不确定自己需要哪个版本,可通过如下命令查询:

```
sw_vers -productVersion
uname -m
```

如果返回"10. 11. 6"和"x86_64",则下载如下版本 NCL:

```
ncl_ncarg-6. 4. 0. MacOS_10. 11_64bit_gnu540. tar. gz
```

　　下载完成后,解压解包与环境变量设置同 2.1.1 节。

　　如果系统中有 brew 软件包管理系统,则推荐通过 brew tap homebrew/science; brew install ncl 来自动安装(会自动解决库文件依赖等问题);或者通过 brew cask install ncar-ncl 来安装。当然,如果系统中有 Conda 包管理系统,也可使用Conda命令来安装。

2.2.2　测试

　　同 2.1.2 节。

2.2.3　常见安装问题

　　(1)安装 XQuartz

　　MacOSX 从 10.5 版本后使用 XQuartz 软件来显示 X11 图形。但无论用户是否需要输出 X11 图形,在 MacOSX 平台上运行 NCL 必须安装 XQuartz。6.4.0 版本 NCL 发布时,XQuartz 的版本为 2.7.11。因此,使用该版本的 NCL 须安装 2.7.11 或更高版本的 XQuartz。

　　如果用户不能确定是否可以使用 X11 窗口,则可以使用如下测试命令:

```
ng4ex xy01n -clean
```

该命令将在 X11 窗口中绘制一个 XY 曲线图,鼠标左击该窗口将关闭该窗口。如果该命令运行失败,返回诸如"incompatible library version"的报错信息,则须升级 XQuartz 软件。可进入 http://xquartz.macosforge.org,下载诸如"XQuartz-x.y.z.dmg"的程序包,双击该程序包以安装。建议接受安装过程中的所有默认设置。安装完成后,重新登录系统并测试上文提到的"ng4ex"命令。同样,安装 XQuartz 也可以通过 brew cask install XQuartz 来完成。

(2)安装 gcc 和 gfortran

NCL 可执行文件需要 gcc/gfortran 库函数。若用户不能确定系统中是否存在 gcc/gfortran,则可通过如下命令查询:

```
which gcc
which gfortran
gcc --version
gfortran --version
```

若显示未安装,则有如下两种安装方式。

①从 http://hpc.sourceforge.net 网站下载诸如"gcc-x.y.bin.tar.gz"的压缩包,该文件包含了 gcc 和 gfortran。解压缩后安装。建议采用该方法,因为这也是 NCL 开发组所采用的方法。

②如果系统中已经安装了 Xcode,即已安装包含了"clang"的 C 语言编译器,则用户只需安装 gfortran 编译器。使用 MacPorts 或 Homebrew 来安装 gfortran,详细安装方法用户参考 https://www.macports.org 和 https://brew.sh。

(3)"Symbol not found:"___ZdaPvm""报错

NCL 运行中如果出现类似如下报错信息:

```
dyld: Symbol not found: ___ZdaPvm
Referenced from: /usr/local/bin/ncl
Expected in: /usr/lib/libstdc++.6.dylib
in /usr/local/bin/ncl
```

出现这个错误的原因是 NCL 可执行文件要求 gnu 版本为 6.1.0 或者更高,而 MacOSX 中 gnu 编译器无法满足要求,具体解决方法如下。

①下载采用较老版本编译的可执行文件,如:

```
ncl_ncarg-6.4.0.MacOS_10.11_64bit_gnu540.tar.gz
ncl_ncarg-6.4.0.MacOS_10.11_64bit_nodap_gnu540.tar.gz
```

②升级 MacOSX 系统的 gnu 版本至 6.1.0 或更高。

(4)"libfontconfig"版本不兼容

用户运行 NCL 时,如果遇到如下报错信息:

> Incompatible library version:
> ncl requires version 11.0.0 or later, but libfontconfig.1.dylib provides
> 　　version 10.0.0

这多是由于系统中安装了较老版本的 XQuartz 所致,用户可以参考上文升级 XQuartz 版本。

(5)"___emutls_get_address"缺失

如果用户运行 NCL 遇到如下报错信息:

> dyld: lazy symbol binding failed:
> Symbol not found: ___emutls_get_address

这表明系统中 gcc/gfortran 的版本低于 NCL 编译时所使用的版本,用户可以使用如下命令来获取系统的 gcc 版本:

> gcc --version

如果系统 gcc 版本过低,则需用户安装高版本 gcc 和 gfortran,建议用户通过 Homebrew 或 MacPorts 完成,具体方法前文已有介绍。

(6)增加 stacksize 限额

运行 NCL 时可能会遇到"segmentation faults"的错误信息提醒,这多是由于内存超过系统限额所致,用户可采用如下方法解决。

在 bash 环境下,将如下命令加入家目录的".bash_profile"或".bashrc"文件中:

> ulimit -s unlimited

在 csh 或 tcsh 环境下,将如下命令加入".cshrc"或者".tcshrc"文件中:

> limit stacksize unlimited

2.3　Cygwin Unix 模拟器

不同于 Linux 系统或 MaxOSX 系统,Windows 操作系统通常借助 Cygwin/X 模拟器来运行 NCL,所以首先需下载安装 Cygwin/X。

2.3.1　下载安装 Cygwin/X

　　Cygwin/X 提供了 Unix shell 及一个 X 窗口,其运行环境十分类似 Linux shell。需注意的是,由于 NCL 所使用的多个外部软件包不能在 64 位的 Cygwin/X 下生成,导致 NCL 预编译可执行文件只能在 32 位 Cygwin/X 下创建。因此,用户只能下载和安装 32 位版本的 Cygwin/X。具体下载地址为 http://x.cygwin.com,选择 32 位 Cygwin/X 的安装文件"setup-x86.exe"。下面将以 V2.738 版本的"setup-x86.exe"为例介绍。

　　双击打开"setup-x86.exe"时会被询问在哪个路径下安装 Cygwin/X,除非读者对 Cygwin/X 有较好的了解,否则我们推荐读者按照默认方式安装。

　　随后读者会被询问从哪个镜像点下载 Cygwin/X 的软件包。不同镜像点的下载速度差异较大。推荐选择离读者地理位置较近的镜像点,这样会获得较快的下载速度。

　　此后选择 Cygwin/X 中要安装的软件包。软件包有很多类别,如"Shells"、"Devel"、"Graphics"等。点击类别名称旁的加号"+"即可展开查看该类中的具体软件包名称,再次点击则折叠收起。此外,在安装界面的顶部有一个搜索框,可直接查询相关软件包。需注意的是,当用户勾选某些软件包时,一些与之相关联的软件包会被自动勾选,用户无须手动取消。

　　推荐安装的软件包类别和相关软件如下。

　　"Devel"类:"autoconf","binutils","bison","byacc","flex","gcc","gcc4","gcc4-fortran","gcc-g++","gdb","make","makedepend","openssl-devel"。

　　"Editors"类:[可选]"nedit","emacs","vim"。

　　"Graphics"类:[可选]"ghostscript"用以查看 PostScript 文件,"ImageMagick"用以"convert"图形。

　　"Libs"类:"expat","libcurl3","libexpat-devel","libgfortran3","libidn-devel","libxml2","libtirpc","zlib"。

　　"Net"类:"libcurl-devel","libcurl4","openssh"。

　　"Shells"类:安装"bash","sh-utils","pdsh","tcsh"。

　　"X11"类:安装"Installing Cygwin/X"(https://x.cygwin.com/docs/ug/setup.html)中要求的所有软件包(请查看其第 15 步)。直至 2017 年 7 月,NCL 官网推荐如下软件:"libX11-devel","libX11-6","libXaw-devel","libXaw6","libXaw7","libXm2","libXmu-devel","libXpm4","libXt-devel","libcairo-devel","libcairo2","libfontconfig-devel","libfontconfig1","libfreetype-devel","libfreetype6"，"libxcb-devel"，"xauth"，"xclock"，"xinit"，"xorg-server"，"xterm"，"X-start-menu-icons"，"X-startup-scripts"。

同一个软件包，可能存在多个版本号供下载，请连续点击软件包名称旁的小圈号直至出现该软件包的最新版本号。在连续点击小圈号时，还会出现"skip"，"uninstall"和"keep"三个选项，在初次安装时可忽略。

安装最后，会被询问是否选择创建 Cygwin/X 的桌面快捷方式。通常选择"Yes"，安装结束后，双击该桌面快捷方式即可启动 Cygwin/X。如果读者采用默认安装方式，则 Cygwin 文件将被安装在"C:\cygwin"路径下，同时一个名为"home"的目录会被自动创建在该路径下。如果该目录未能自动创建，则请检查 Windows 系统的用户登录名中是否存在空格。如果存在空格，可通过如下方式解决：打开 /etc/passwd（用 emacs、vi 或 Windows 提供的写字板），找到用户的项（entry，通常以用户的 Windows 登录名为开始），删除登录名和"home"路径中的空格后保存退出，同时退出 Cygwin，用鼠标右键对"home"路径下的含有空格的目录名称作相应的名称修改。

2.3.2　下载安装 NCL

首先在 ESG 网页中下载文件名如"＊CYGWIN＊.tar.gz"的 NCL 预编译可执行文件的压缩包，如：

```
ncl_ncarg-6.4.0.CYGWIN_NT-10.0-WOW_i686.tar.gz
```

本书以路径"C:\cygwin\home\xxx"为例存放 NCL 软件压缩包，这里"xxx"指 Cygwin/X 为用户自动创建的目录名称（用户不必修改），本书以"user"为例。假定用户要将 NCL 安装至新路径"/app/ncl"下，则在 Cygwin/X 终端下输入如下命令：

```
mkdir /app/ncl
cd /app/ncl
mv /home/user/ncl_ncarg-6.4.0.CYGWIN_NT＊    ./
tar -zvxf ./ncl_ncarg-6.4.0.CYGWIN_NT-10.0-WOW_i686.tar.gz
```

最后设置环境变量。可利用 Unix 文本编辑器或其他文本编辑器（如 Sublime，尽量避免使用 Windows 自带的写字板或记事本）打开"C:\cygwin\home\user"下的".bashrc"文件。如果该文件不存在则打开".bash_profile"文件。在该文件中的最后添加如下几行后保存：

```
export NCARG_ROOT＝/usr/local
export PATH＝{NCARG_ROOT}/bin：$PATH
export DISPLAY＝:0.0
```

如果读者使用的是 csh 或 tcsh,则修改"C:\cygwin\home\user"下的". cshrc"文件或". tcshrc"文件:

```
setenv NCARG_ROOT /usr/local
setenv PATH /usr/local/bin：$PATH
setenv DISPLAY :0.0
```

最后通过命令"source"使上述设置生效。以修改. bashrc 文件为例:

```
source    ～/. bashrc
```

至此,Cygwin/X 环境下的 NCL 已安装完毕。

2.3.3　测试

同 2.1.2 节。

2.4　Windows 10 操作系统

除 2.3 节介绍的借助 Cygwin/X 安装和运行 NCL 之外,Windows 10 操作系统还可通过自带的 Linux Bash shell 安装 NCL,其安装步骤已由 NCL 官方团队于 2017 年 2 月经过验证。

第一步,确保 Windows 10 系统是 64 位系统。

第二步,打开 Linux Bash shell 功能并运行(读者可参考 https://www. howto-geek. com/249966/how-to-install-and-use-the-linux-bash-shell-on-windows-10 或自行百度搜索)。

第三步,安装其他必要软件包。在 Linux Bash 窗口中,输入如下命令进行安装:

```
sudo apt-get install fontconfig
sudo apt-get install gfortran
sudo apt-get install libxrender-dev
sudo apt-get install csh
```

```
sudo apt-get install libx11-dev
sudo apt-get install firefox
sudo apt-get install gfortran
sudo apt-get install imagemagick
```

注意,其中"imagemagick"虽不是必须安装的软件包,但它的"convert"命令可提供十分强大的图形转换和后处理功能。

第四步,如果需要使用 X11 窗口,则需安装并运行一个 X 服务器。读者可参考安装 Xming 软件包作为 X 服务器的介绍:http://www.pcworld.com/article/3055403/windows/windows-10s-bash-shell-can-run-graphical-linux-applications-with-this-trick.html或自行百度搜索。

第五步,下载 NCL。在 ESG 网页上下载形如"ncl_ncarg-6.4.0-CentOS6.8_64bit_gnu447.tar.gz"的压缩包,即在 CentOS6.8 系统下编译的 64 位版本 NCL。

第六步,安装 NCL。假定用户已将 NCL 软件包下载至"/home/user"路径下,希望安装至新的路径"/app/ncl",则在 Linux Bash 终端下输入如下命令:

```
mkdir /app/ncl
cd /app/ncl
mv /home/user/ncl_ncarg-6.4.0-CentOS6.8_64bit_gnu447.tar.gz   ./
tar -zvxf ncl_ncarg-6.4.0-CentOS6.8_64bit_gnu447.tar.gz
```

第七步,设置环境变量。用 Unix 文本编辑器(vim,nedit,emacs 等)打开"~/.bashrc"文件或"~/.bash_profile"文件,并在文件中添加如下三行:

```
export NCARG_ROOT=/usr/local/ncl-6.4.0
export PATH=$NCARG_ROOT/bin:$PATH
export DISPLAY=:0.0
```

至此,Windows 10 Linux Bash 环境下的 NCL 已安装完毕。其测试过程同 2.1.2 节。当然,由于 Windows 10 Linux Bash 实际上运行的是 Ubuntu 的一个虚拟机,所以上文关于直接使用 apt-get 或者 conda 来直接安装 NCL 的操作方法同样成立。

2.5　NCL 运行方式

NCL 有如下三种运行方式:

(1)交互方式。用户在终端中输入"ncl"后回车即启动 NCL,此后终端将等待用户逐行输入命令,回车后将逐条执行。交互模式通常用于简单的调试,使用键盘上的上、下箭头键可直接调用上一条、下一条命令。

(2)批处理方式。用户把所有命令写在一个以"ncl"为后缀名的文本文件中,比如 test. ncl。在终端中输入"ncl test. ncl"即可执行该脚本中的所有命令。这种运行方式最为常用。

(3)带命令参数的批处理方式。在执行 NCL 的命令行中可定义变量并赋值。比如脚本 commond. ncl 的代码如下:

```
begin
  if (iyear. eq. 2017) then
    var = "right year"
  else
    var = "wrong year"
  end if
  print(var)
end
```

如果用户直接在终端中输入"ncl commond. ncl"则会得到变量 iyear 未定义的报错信息。此时用户可将变量 iyear 以参数的形式加入命令行中,如:

```
ncl iyear=2016   commond. ncl
```

则屏幕上将出现 var 的返回值为"wrong year"。该运行方式适用于 SHELL 脚本中。如果传递的参数为字符串,如"NCEP",则需使用转义符"\":

```
ncl iyear=\ "NCEP\"   commond. ncl
```

第 3 章 基本语法

与 Fortran、C、Matlab、IDL 等编程语言类似,NCL 具有很多现代编程语言的特点,如具有变量、数据类型、常数、函数、程序、运算符(代数运算和逻辑运算)、表达式、条件语句、循环等。

3.1 语法字符

常用的语法字符见表 3.1。

表 3.1 语法字符

符号	含义
=	赋值
:=	重赋值
;	注释
/; … ;/	注释块
@	创建或引用变量的一个属性
!	创建或引用变量的一个命名维
&	创建或引用变量的一个坐标变量
$ … $	封装字符串变量
{ … }	利用坐标变量截取数组
[…]	列表变量的截取
(/ .. /)	创建数组
[/ … /]	创建列表变量
:	数组下标分隔符
|	命名维的分隔符
\	行连接符
::	调用外部函数时的分隔符
->	读入/写出所支持的数据类型

3.2 表达式

执行一个表达式后,将返回一个数值。一般而言,表达式有两种:数学表达式和逻辑表达式。

3.2.1 数学表达式

数学表达式中支持的运算符见表 3.2。

表 3.2 数学运算符

符号	含义
+	加,或连接字符串
−	减/负号
*	乘
/	除以
%	余数(仅适用于整型)
>	返回较大值
<	返回较小值
^	幂指数
#	矩阵乘

以下几点需注意。

(1)使用括号可修改计算优先级,

> x=(2+3)*4   → 20
> print(−(3+2)^2)   → 25
> print(−((3+2)^2))   → −25

(2)"+"号具有两重含义,因此意味着它有两种不同的应用,

> 加法:x=2.3+5.9   →x=8.1
> 连接字符串:"Value: "+12.7   →"Value: 12.7"

(3)"−"号也有两种不同的应用,

> 负号,具有最高优先级:x=−3^2   相当于   x=(−3)^2   → 9
> 减法: x=8−3^2   →−1

(4)"/"号用于整数时,返回值也为整数值,

> a=8/10   →0

(5)">"与"<"号分别返回两个数值中较大和较小的数值

> a=4>3   →4
> b=4<3   →3

注意,以上运算符也可用于数组。

3.2.2 逻辑表达式

逻辑表达式中支持的运算符见表 3.3。

表 3.3　逻辑运算符

符号	含义
. lt.	小于
. le.	小于等于
. eq.	等于
. ne.	不等于
. ge.	大于等于
..gt.	大于
. and.	并且
. or.	或
. xor.	异或
. not.	非

逻辑算符从左向右执行,直至返回值为否。例如,

```
if ( x .gt. 3 .and. x .lt. 7) then
    [statement(s)]
end if
```

在该例中,NCL 将首先判断变量 x 是否大于 3,如果为否,则不再继续判断 x 是否小于 7。可见,为提高计算时效,用户可将最难成立的逻辑表达式放在最左边。

3.3　数据类型

NCL 支持下列三种数据类型。

(1)数值型

double(双精度型)(64 位)

float(浮点型)(32 位)

long(长整型)(32 位或 64 位,有符号)

integer(整型)(32 位,有符号)

byte(字节型)(8 位,有符号)

注意,这里的"有符号"是指数据的最高位作为符号位,与之对应的则是"无符号"。可见,对于有符号整型而言,其可表示的数值范围是 $[-2^{31}, 2^{31}-1]$,而无符号整型可表示的数值范围是 $[0, 2^{32}-1]$。

(2)Enumeric 型

int64(64 位,有符号)

uint64(64 位,无符号)

uint(32 位,无符号)

ulong(32 位或 64 位,无符号)

ushort(16 位,无符号)

ubyte(8 位,无符号)

(3)非数值型

string(字符串型)

character(字符型)

graphic(图形)

file(文件型)

logical(逻辑型)

list(列表型)

NCL 提供一系列的库函数进行数据类型之间的转化,常用库函数如表 3.4 所示。

表 3.4 数据类型转化函数表

命令	作用	用法
tofloat	将变量转化为浮点型	Float_arr＝todouble(array)
toint	将变量转化为整型	Int_arr＝toint(array)
tolong	将变量转化为长整型	Long_arr＝tolong(array)
toshort	将变量转为短整型	Short_arr＝toshort(array)
tostring	将变量转化为字符串	String_arr＝tostring(array)
tochar	将变量转化为字符	Char_arr＝tochar(array)
todouble	将变量转化为双精度型	Double_arr＝todouble(array)

同时,当不知道变量类型时,NCL 提供一系列库函数判断数据类型,判断为真时返回 True,常用函数如表 3.5 所示。

表 3.5 数据类型判断函数表

命令	作用	使用方法
isdouble	判断数据是否为双精度型	isdouble(var)
isstring	判断数据是否为字符串	issting(str)
isinteger	判断数据是否为整型	isinteger(var)
islogical	判断数据是否为逻辑变量	islogical(var)
islong	判断数据是否为长整形	islong(var)
isnumeric	判断数据是否是数值型	isnumeric(var)

3.4　变量及元数据

变量可通过赋值的方式直接进行定义,这不同于其他编程语言须在代码开始处声明变量的类型:

```
x         = 2                              ; 整型
y         = 3.6                            ; 浮点型
z         = 30.d                           ; 双精度型
title     = "This is the title string"     ; 字符串
a         = True                           ; 逻辑型
a         = (/1, 4, 3, 2/)                 ; 整型数组
b         = (/1, 2.0, 3.0, 4.0/)           ; 浮点型数组
c         = (/1., 2, 3., 4.0/) * 1d5       ; 双精度型数组
d         = (/"red", "blue"/)              ; 字符串数组
e         = (/True, False, False, True/)   ; 逻辑数组
f         = (/ (/1, 2/), (/3, 6/), (/4, 2/) /)   ; 二维数组
```

注意,NCL 变量名称须区分大小写,例如,"H2M"与"h2m"是不同的变量。

元数据是指与变量或者文件的文字性描述或数值信息。NCL 中的变量采用了 NetCDF 的元数据形式(1.3.2 节)。通常而言,NCL 的计算函数和绘图函数会使用变量的元数据。因此,正确设置元数据十分必要。NCL 变量共有三种元数据:属性、命名维和坐标变量。

3.4.1　属性

属性可通过"@"符号来读取、赋值或修改。典型的变量属性包括"_FillValue","missing_value","units","long_name","standard_name","coordinates","scale_factor","add_offset","valid_min","valid_max"和"axis"等。例如,

```
var@units            = "degK"
lon@units            = "degrees_east"
t@long_name          = "Near-Surface Temperature"
temp@_FillValue      = 1e20
temp@missing_value   = 1e20
date                 = time@units
```

可用 NCL 的内置函数 getfilevaratts 从名为"file. nc"的文件中读出变量"slp"的所有属性：

```
fid                          = addfile("file. nc", "r")
file_atts                    = getfilevaratts(fid, "slp")
```

函数 isatt 可确认变量是否存在某个属性：

```
if (isatt(slp, "units") ) then
    print(slp@units)
end if
```

如果设置了缺省值属性 missing_value,则属性_FillValue 也需使用与之相同的类型和数值。

3.4.2　命名维

维的命名或名称通过"!"符号来读取、赋值或修改。数组的维数大小和各维的大小均是整数。本书将仅由一个元素构成的变量称为标量。NCL 变量数组从左至右分别为第 0 维至第 n−1 维(类似 C 语言),其中 n 是数组变量的维数大小。

例如,变量 temp 是一个四维数组,通过"!"可对各维进行命名：

```
test!0 = "time"              ;命名第 0 维为 time
test!1 = "height"            ;命名第 1 维为 height
test!2 = "latitude"          ;命名第 2 维为 latitude
test!3 = "longitude"         ;命名第 3 维为 longitude
```

3.4.3　坐标变量

坐标变量通过"&"符号来读取、赋值或修改。根据 NetCDF 的定义,坐标变量必须是一维变量,它与数组变量的对应维同名且大小相同。下例给出为一个 4×5 的二维变量 temp 设置坐标变量的具体步骤。首先将 temp 的二维分别命名为"lat"和"lon",即 temp 的两个坐标变量的名称为"lat"和"lon"：

```
temp!0 = "lat"               ;命名第 0 维为 lat
temp!1 = "lon"               ;命名第 1 维为 lon
```

其次,设定坐标变量的数值,此处用变量 lon_pts 和 lat_pts 表示：

```
;--lon_pts 数组大小为 5,对应 temp 的第 1 维
lon_pts = (/ 0., 15., 30., 45., 60. /)
;--lat_pts 数组大小为 4,对应 temp 的第 0 维
lat_pts = (/ 30., 40., 50., 60. /)
```

再次,通过"@"符号设定变量的单位,即设定其"units"属性:

```
lon_pts@units = "degrees_east"
lat_pts@units = "degrees_north"
```

最后,用"&"符号将变量 lon_pts 和 lat_pts 的数值和单位复制给 temp 的坐标变量 lon 和 lat:

```
temp&lon = lon_pts
temp&lat = lat_pts
```

注意,在该例中,lon_pts 与 lat_pts 不是坐标变量,lon 与 lat 才是。读者可通过 NCL 命令 print(temp&lon) 或 printVarSummary(temp) 来查看其坐标变量。

关于坐标变量还需注意的是:

(1)坐标变量不可有缺省值(没有_FillValue 或 missing_value 属性);

(2)坐标变量中的数值必须单调递增或者单调递减;

(3)坐标变量可为任一种数值类型,比如浮点型、整型等。

3.4.4　字符串引用

有时无法事先知晓变量的属性和坐标变量的名称,或这些名称在不同变量之间存在较大变化。为解决这个问题,可使用"$"符号围起字符串变量,以引用属性和坐标变量的名称。例如,

```
attnames = (/"_FillValue", "long_name" /)
att0 = var@ $ attnames(0) $
```

这相当于

```
att0 = var@_FillValue
```

此外,在不知道数组变量各维名称的情况下,可使用内置函数 iscoord 引用坐标

变量。如果输出变量为坐标变量，则 iscoord 返回 True。例如，

```
;--仅将 Data 中的数值复制至 newData，不复制元数据
newData ＝ （/Data/）
;--若 Data 的第 0 维存在坐标变量
if （.not. ismissing(Data!0). and. iscoord(Data,Data!0)） then
  newData!0        ＝ Data!0                  ;定义新数组的坐标变量名称
  newData&＄Data!0＄＝ Data&＄Data!0＄ ;新数组的坐标变量的赋值
end if
```

3.4.5　保留及删除元数据

　　一些处理过程可能导致元数据的丢失或无效，造成计算和绘图失败。为此，用户须保证变量含有必需的元数据。NCL 中有一类以"_Warp"结尾的函数，比如"dim_avg_n_Warp"（5.1 节），它们可将输入变量的元数据拷贝至输出变量中。

　　有时可能需要删除变量的某个属性、坐标变量，可用程序 delete：

```
delete(m@long_name)            ;删除变量 m 中的"long_name"属性
delete(m&lat)                  ;删除变量 m 中的坐标变量"lat"
```

3.4.6　变量赋值

　　理解 NCL 变量在赋值过程（通过等号"＝"实现）中的具体过程很重要。赋值语句的作用取决于变量是否已经定义以及等号右侧是变量还是值（数值或逻辑变量）。

3.4.6.1　值至变量的赋值

　　通过等号给左侧变量赋一个或一组值，即等号的右侧不是一个变量，如果等号左侧变量没有预先定义，则赋值语句将首先在内部对该变量进行声明，再用右侧变量的值赋值至左侧变量。注意，通过该方法得到的变量没有命名维、坐标变量及_FillValue 等其他属性。

```
a ＝ （/1,2,3,4,5,6,7,8,9,10,11,12/）            ;给变量 a 赋一组值
printVarSummary(a)                              ;输出变量 a 的信息
;--屏幕上将显示如下信息，变量 a 没有命名维，坐标变量及 FillValue 等属性
Variable：a
Type：integer
```

```
Total Size：48 bytes
             12 values
Number of Dimensions：1
Dimensions and sizes：[12]
Coordinates：
```

如果等号右侧为表达式,且没有定义_FillValue,则赋值后的左侧变量也无_FillValue:

```
b = a * 2                    ;等号右侧为一个表达式
printVarSummary(b)           ;输出变量 b 的信息
;--屏幕上将显示如下信息,变量 b 没有命名维,坐标变量及属性_FillValue
    等元数据
Variable：b
Type：integer
Total Size：48 bytes
             12 values
Number of Dimensions：1
Dimensions and sizes：[12]
Coordinates：
```

如果等号左侧变量在赋值前已声明,则右侧的值将直接赋值给左侧变量,再无其他过程。

```
b = a                        ;等号左侧变量之前已声明
print(b)                     ;右侧的值将直接赋值给左侧变量
;--屏幕上将显示如下信息
Variable：b
Type：integer
Total Size：48 bytes
             12 values
Number of Dimensions：1
Dimensions and sizes：[12]
Coordinates：
(0)1
```

```
(1)2
(2)3
(3)4
(4)5
(5)6
(6)7
(7)8
(8)9
(9)10
(10)11
(11)12
```

如果等号左侧对变量进行了切片,仅切片部分会被赋值。如果左侧变量有元数据,则仅有值将会被赋值给左侧变量,其他不变。

当等号左侧变量已定义,则等号右侧和左侧的变量数组大小必须一致。但这存在一个例外,即一个标量数值可以给数组赋值。见以下例子:

```
a = (/1,2,3,4,5,6,7,8,9,10,11,12/)
a(0:4) = -1
print(a)
;屏幕上将显示如下信息
Variable:a
Type:integer
Total Size:48 bytes
            12 values
Number of Dimensions:1
Dimensions and sizes:[12]
Coordinates:
(0)-1
(1)-1
(2)-1
(3)-1
(4)-1
```

```
(5)6
(6)7
(7)8
(8)9
(9)10
(10)11
(11)12
```

该例子表明，-1 可以赋值给 a 的前 5 个变量。

3.4.6.2　变量至变量的赋值

变量至变量的赋值方式发生在等号左右两侧都是变量的情况。

在以下两种简单情况下，等号右侧变量的数值及其所有元数据（属性、坐标变量和命名维）都会赋值至左侧变量：

(1)左侧变量在赋值前没有定义；

(2)左侧变量没有进行切片。

值得注意的是，在赋值中可使用"(/"和"/)"两个符号以忽略等号右侧变量的属性、命名维和坐标变量，仅将右侧变量中的值赋值给左侧变量，这样可保留左侧变量的元数据。

以下为变量至变量赋值的两个例子，这里均假定变量 left 或 left_new 为等号左侧的变量，变量 right 为等号右侧的变量，即利用 right 对 left 进行赋值。

第一个例子为对未定义变量 left 进行赋值：

```
;--首先创建变量 right,定义其数值、命名维、坐标变量和属性
right= (/(/1.0,2.0,3.0/), (/4.0, 5.0, 6.0/), (/7.0, 8.0, 9.0/) /)
right!0 = "dim0"
right!1 = "dim1"
right@units = "m/s"
right@dim0 = (/ 1, 2, 3 /)
right@dim1 = (/ 10, 100, 1000 /)

left = right   ;此时变量 left 也具有与 right 相同的数值和元数据
print(left)
;屏幕上将显示如下信息
```

Variable：left
Type：float
Total Size：36 bytes
　　　　　　9 values
Number of Dimensions：2
Dimensions and sizes：[dim0 | 3] x [dim1 | 3]
Coordinates：
Number Of Attributes：3
　units ：m/s
　dim0 ：(1，2，3)
　dim1 ：(10，100，1000)
(0,0) 1
(0,1) 2
(0,2) 3
(1,0) 4
(1,1) 5
(1,2) 6
(2,0) 7
(2,1) 8
(2,2) 9

left_new = (/right/)　；仅将变量 right 中数值复制给变量 left_new
print(left_new)
；屏幕上将显示如下信息，**变量 left_new 没有 units，dim0，dim1 属性**
Variable：left_new
Type：float
Total Size：36 bytes
　　　　　　9 values
Number of Dimensions：2
Dimensions and sizes：[3] x [3]
Coordinates：
(0,0) 1
(0,1) 2

```
(0,2) 3
(1,0) 4
(1,1) 5
(1,2) 6
(2,0) 7
(2,1) 8
(2,2) 9
```

第二个例子是对一个已定义的变量 left 赋值：

```
;--首先定义二维变量 left 的数值、命名维和属性,但不定义其坐标变量。
left = (/ (/0.1, 0.2, 0.3/),(/1.1, 1.2, 1.3/),(/2.1, 2.2, 2.3/) /)
left!0 = "test0"                    ;第 0 维命名
left!1 = "test1"                    ;第 1 维命名
left@units = "Degrees"              ;定义其单位
left@long_name = "A"                ;定义 long_name

;--定义二维变量 right 的数值、命名维、属性和坐标变量
right = (/ (/0., 1.0, 2.0/), (/3.0, 4.0, 5.0/), (/6.0, 7.0, 8.0/) /)
right!0 = "dim0"                    ;第 0 维命名
right!1 = "dim1"                    ;第 1 维命名
right@units = "none"               ;定义变量单位
right&dim0 = (/.1, .2, .3/)        ;对坐标变量 dim0 赋值
right&dim1 = (/10, 100, 1000/)     ;对坐标变量 dim1 赋值

;--使用变量至变量赋值,变量 left 和 right 的属性将会合并赋值至变量 left 中
left = right
print(left)

;--屏幕上将显示如下信息
Variable：left
Type：float
Total Size：36 bytes
            9 values
```

Number of Dimensions：2

Dimensions and sizes：[dim0 | 3] x [dim1 | 3]

Coordinates：

　　　　　dim0：[**0.1..0.3**]

　　　　　dim1：[**10..1000**]

Number Of Attributes：2

　units：none

　long_name：A

(0,0) 0

(0,1) 1

(0,2) 2

(1,0) 3

(1,1) 4

(1,2) 5

(2,0) 6

(2,1) 7

(2,2) 8

注意,若变量 right 的元数据(坐标变量、命名维和属性)不同于变量 left,比如变量 left 与变量 right 的命名维不一致,NCL 会视其为错误,并出现警告信息：

warning：VarVarWrite：Dimension names for dimension number (0) don't match, assigning name of rhs dimension to lhs, use "(/../)" if this change is not desired

warning：VarVarWrite：Dimension names for dimension number (1) don't match, assigning name of rhs dimension to lhs, use "(/../)" if this change is not desired

warning：["Execute.c"：8638]：Execute：Error occurred at or near line 11

为避免这种情况的发生,可在赋值之前检查变量 left 与变量 right 的命名维是否相同。

如果用户仅关注变量数值是否被正确赋值,而元数据(属性、命名维和坐标变量)正确与否并不重要,则可忽略这个问题,或用"(/"和"/)"仅进行数值赋值。

如果等号左右两侧变量的元数据中维名称和坐标名称相同,则在对左侧变量进行数值赋值的同时,赋值语句还会将右侧变量的坐标变量一同赋值至左侧变量。如果等号两侧变量的命名维不一致,NCL 会反馈一个警告信息,并将右侧变量的命名维强制覆盖等号左侧变量的命名维。如果等号右侧变量和左侧变量的属性不相同,则这些属性将合并赋值至左侧变量的属性中。如果等号两侧变量属性名称相同,则右侧变量的属性将会强制覆盖左侧变量对应属性值。如果等号左右变量具有不同的属性类型,则会提示错误。

3.4.6.3 重赋值

当一个变量或者数组已被声明,它只能被具有相同数值类型和数组大小的变量覆盖。如果要改变该变量的数值类型和数组大小,需要删除这些变量之后重新定义。

```
var = "This is a string"                        ; var 为字符串类型
delete(var)                                      ; 删除变量 var
var = (/ 1.0, 10.0, 15.0, 20.0 /)                ; var 重定义为浮点型
```

为简化该过程,6.1.1 或更高版本 NCL 可通过重赋值符号":="进行重赋值。若等号左侧变量已声明过,则重赋值的内部操作步骤为:首先删除该变量,再根据等号右侧的变量类型和大小重新定义左侧变量并赋值。可见,等号左侧变量的类型、维数大小、数值和元数据将由右侧变量决定。

```
var = "This is a string"                         ; var 为字符串变量
var := (/ 1.0, 10.0, 15.0, 20.0 /)               ; var 为浮点型一维数组变量
```

重赋值中,等号左侧变量可以是声明过的,也可以是未声明过的。总之,重赋值的作用近似于赋值,但等号两边变量不需要具有相同的类型和大小。重赋值常应用于循环中,这是因为数组的大小在循环中可能会发生变化。

3.4.7 列表变量

列表变量可囊括多个异构变量。具体而言,构成列表变量的每个变量可以有不同的类型、大小和形状。列表变量的另一个特性是,能够以类似栈(stack)或队列的方式进行处理。有两种方式创建列表变量。

第一种是使用[/ ⋯ /]把不同类型变量组成列表变量:

```
i    = (/ (/1,2,3/), (/4,5,6/), (/7,8,9/) /)   ; 二维整型数组
x    = 5.0                                       ; 浮点型标量
```

```
d       = (/100000.d, 28304309.23d/)          ;一维双精度数组
s       = "abcde"                             ;字符串
c       = stringtochar("abcde")               ;字符
v1      = [/i, x, d, c, x/]                    ;通过[/…/]构建列表变量
```

第二种是使用栈的方式构建列表变量。该方式允许变量动态地添加至已存在的列表变量中。例如,下例中首先采用 NewList 函数创建一个列表变量,再使用程序 List-Push 依次将各个变量添加至列表变量中。

```
x          = (/1,2,3,4/)
x@attr     = "integer array"
y          = (/ 9., 8., 7., 6. /)
y@attr     = "float array"
s          = (/ "one", "three", "two" /)
s@attr     = "string array"
my_list    = NewList("lifo")          ;创建列表变量 my_list
ListPush(my_list, x)                  ;添加 x 变量至列表变量 my_list 中
ListPush(my_list, y)                  ;添加 y 变量至列表变量 my_list 中
ListPush(my_list, s)                  ;添加 s 变量至列表变量 my_list 中
```

注意,函数 NewList 中的参数为"lifo",它表示后进先出(last in, first out),即使用程序 ListPush 将变量添加至列表变量时,新添加的变量总是位于最前。与之对应的参数则是"fifo"(first in, first out),表示新添加的变量总是位于最后。

在介绍读取列表变量中的元素之前,首先介绍处理列表变量的两个常用函数:ListCount 与 ListIndex。ListCount 可返回列表变量中所有元素或变量的总个数,ListIndex 用于返回某个元素或变量在列表变量中的数组索引,若返回值为−1,则表示该变量不在列表变量中。

接上例:

```
cnt = ListCount(my_list)
idx = ListIndex(my_list,x)
print(cnt)
print(idx)
```

```
idx = ListIndex(my_list,x)
;--屏幕上将显示如下信息
Variable:cnt
Type：integer
Total Size：4 bytes
            1 values
Number of Dimensions：1
Dimensions and sizes:[1]
Coordinates：
(0)3

Variable：idx
Type：integer
Total Size：4 bytes
            1 values
Number of Dimensions：1
Dimensions and sizes:[1]
Coordinates：
(0)2
```

访问列表变量中的元素有两种方式。一是在方括号"[]"中写明数组索引引用以引用特定位置的变量,该方法不会改变列表中的变量。结合上例,首先使用函数 ListIndex 获得变量的下标,再利用下标访问元素。如下所示:

```
idx       = ListIndex(my_list,x)
nx        = my_list[idx]
print("array x = " + nx)
;--屏幕上将显示如下信息,它与原变量 x 的数值一致
(0)array x = 1
(1)array x = 2
(2)array x = 3
(3)array x = 4
```

二是使用函数 ListPop(别名为 ListDequeue)返回列表变量中的最前元素,这与栈或

队列的操作命令一致。如下所示：

```
a = ListPop(my_list)
print(a)
;--屏幕上将显示如下信息
Variable：a
Type：string
Total Size：12 bytes
            3 values
Number of Dimensions：1
Dimensions and sizes：[3]
Coordinates：
Number Of Attributes：1
  attr ：string array
(0)one
(1)three
(2)two
```

由于 my_list 采用的是 lifo，所以其最前元素为 s，这里即返回了 s 的三个字符串值。须注意的是，当使用函数 ListPop 访问列表变量中某元素后，该元素将会从列表变量中移除。在上例中，变量 s 将从列表变量 my_list 中删除。

3.5　数组

　　NCL 对数组的处理能力与 Fortran、Matlab、IDL 等相似。数学运算符（加、乘、除、比较等）可用于数组。数组运算时需所有数组具有相同的维数和数组大小。例如，

```
a = (/ 4, 2, 1, 3 /)
b = (/ 0, 2, 2, 0 /)
c = a + b            →c = (/ 4, 4, 3, 3 /)
c = a − b            →c = (/ 4, 0, −1, 3 /)
c = a * b            →c = (/ 0, 4, 2, 0 /)
c = a/(b+0.1)        →c = (/ 40, 0.952381, 0.4761905, 30 /)
```

有两点需特别注意。一是 NCL 中数组的索引从 0 开始,如上例中变量 a 的第 0 个元素为 4,第 3 个元素为 3;二是对于多维数组,其最左侧的维变化最慢,而最右侧维的变化最快,数组按照"行 × 列"存储。可见,NCL 中的数组与 C 语言中的数组表示方式一致。

NCL 内置函数 new(dimension_sizes, vartype, parameter)可创建新数组。其中 dimension_sizes 表示需创建的数组大小,参数 vartype 表示变量类型,参数 parameter 可以是 "_FillValue"或者"No_FillValue"。使用"new"函数创建数组时,如果未定义缺省值,NCL 会自动为数组设定对应类型的缺省值。

m	= new(12, float)	→创建大小为 12 的浮点型数组
q	= new((/2,3,6/), float)	→创建大小为 2×3×6 的三维浮点型数组
k	= new(100, float, 1e20)	→创建大小为 100 的浮点型数组,缺省值为 1e20
l	= new(100, float, "No_FillValue")	→创建大小为 100 的浮点型数组,无缺省值
p	= new(dimsizes(m), double)	→创建与变量 m 同数组大小的数组,其类型为双精度型

3.5.1　数组索引

数组每个元素都有一个编号,叫作数组索引,有时也称之为数组下标,数组的索引为整型数据,一般的表达形式为:

m:n:i　表示数组索引范围由 m 到 n 并以 i 为间隔

NCL 中的索引是从 0 开始的,最大索引等于数组长度减 1。

对于一个一维数组 a = (/1, 2, 3, 4, 5, 6, 7, 8, 9, 10 /),以下给出了索引的具体使用方法:

a1	= a	→a1 = (/1, 2, 3, 4, 5, 6, 7, 8, 9,10/)
a2	= a(3)	→a2 = 4
a3	= a(1:4)	→a3 = (/2,3,4,5/)
a4	= a(0:9:3)	→a4 数组包括 1,4,7,10
a5	= a(:5)	→a5 数组包括 1,2,3,4,5,6

```
a6   = a(7:)        →a6 数组包括 8,9,10
a7   = a(1:6:−1)    →a7 数组包括 7,6,5,4,3,2
a8   = a(8:4)       →a8 数组包括 9,8,7,6,5;注意,无须设计下标间隔
                      为−1
a9   = a(::−1)      →a9 数组包括 10,9,8,7,6,5,4,3,2,1,该表
                      达式相当于 a9=a(9:0)
```

对于多维数组 T,假定其大小为 $12×100×120$,则

```
T1 = T(0:11:3, :19, :)    →T1 大小为 4×20×120
```

3.5.2　命名索引

通过命名维的数组索引重新排序数组维,此方法的应用前提条件是变量的所有维都已命名。以二维气压变量 pres 为例,左、右维的名称分别为"lat"和"lon"。"lat"维的大小是 21,"lon"维的大小是 40,现对 pres 重新排序并切片:

```
pres_reord1 = pres(lon|19:39,lat|0:9)
```

返回的变量 pres_reord1 左、右维名称与 pres 相反,为"lon"和"lat",左边维的大小为 32,右边维的大小为 10。

3.5.3　坐标变量索引

普通数组索引的使用方法也适用于坐标变量。除此之外,坐标变量还可使用大括号"{}",用一种"自然"的方式对数组进行切片。以 $1°×1°$ 分辨率的再分析资料为例,数据纬度范围为南纬 $90°$ 至北纬 $90°$;经度范围为 $0°$ 至 $360°$,可使用以下方法对坐标变量进行切片:

```
var&lat_0 = var({−5:25},{10:45}) ；对南纬 5 度至北纬 25 度,东经 10
    度至 45 度进行切片
```

图 3.1 给出了引用图中灰色方框区域的三类方法:普通数组索引、坐标变量索引引用和混合索引。

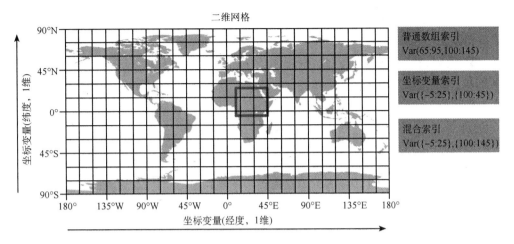

图 3.1 坐标变量的数组索引方法

3.5.4 数组优化应用函数介绍

NCL 的数组运算中,通过循环进行数组运算的效率远低于直接调用 NCL 函数,以下列举部分常用函数。

(1)函数 where(condtnl_expr, true_value, false_value)

功能说明:

数组条件性赋值。

参数:

condtnl_expr:一个逻辑表达式或任何维度的数值。

true_value:和 condtnl_expr 大小相同的数组,将数组 condtnl_expr 中判断为真的部分赋值为 true_value。

false_value:和 condtnl_expr 大小相同的数组,将数组 condtnl_expr 中判断为假的部分赋值为 false_value。

示例:

```
x = where( x.lt.0, x+256, x)
```

以上语句和 Fortran 中的以下语句作用相同:

```
where( x<0 ) x = x+256
```

即:将矩阵 x 中小于 0 的元素加 256,大于等于 0 的元素保持原数值。

（2）函数 mask(array, marray, mvalue)

功能说明：

数组条件性赋值。当 marray 的数值不等于 mvalue 时，将 array 对应索引位置上的元素数值设置为缺省。

参数：

array：数组，可以是任何类型和维度。

marray：用于蒙版的变量，变量大小和 array 一致。

mvalue：和 marray 变量类型一样的标量。

示例：

假设 x 为二维数组，x 具有二维坐标变量，该示例将小于 latMin 和 lonMin，大于 LatMax 和 lonMax 以外区域的 x 数值设置为缺省。

```
x = f->X                          ;设定 x 值
x@lat2d = f->latitude             ;设定 lat 为 x 的坐标变量
x@lon2d = f->longitude            ;设定 lon 为 x 的坐标变量


latMin  = -20
latMax  = 60
lonMin  = 110
lonMax  = 270
x = mask(x,(x@lat2d. ge. latMin. and. x@lat2d. le. latMax  \
          . and. x@lon2d. ge. lonMin. and. x@lon2d .ge. lonMax), True)
```

（3）函数 dim_maxind(arg, dim)

功能说明：

返回 arg 中 dim 维的最大值数组索引。

参数：

arg：维数小于 4 的数组，任意类型

dim：维度，0 为最左侧维度。

示例：

```
arg 为一维数组：
x = (/3., 5., 1., 6., 10., 1., 3. /)
i = maxind(x)
```

print(maxind(x))

将输出结果：(0)4，表示 x(4)为 x 数组中的最大值。

arg 为多维数组：

```
z = (/ (/10.,2.,3.,1./), \
    (/4.,3.,8.,2./),  \
    (/2.,9.,5.,3./), \
    (/1.,2.,3.,9./) /)
print(dim_maxind(z,0))          ; 将会输出每一列最大值元素的数组索引
Variable：unnamed (return)
Type：integer
Total Size：16 bytes
            4 values
Number of Dimensions：1
Dimensions and sizes：[4]
Coordinates：
Number Of Attributes：3
  _FillValue :-99
  long_name :index of 1st  max value
  tag :dim_maxind
(0)0
(1)2
(2)1
(3)3
```

相近功能函数有 dim_minind(arg, dim)。

(4)ind(logical)

功能说明：

当 logical 为真时，返回数组索引。

示例：

> a ＝ (/ 1. , 2. , 3. , 4. , 5. , 6. , 4. , 2. , 8. , 4. /)　 ；数组 a 赋值
> a@_FillValue ＝ 4.　 ；将数组 a 的缺省值设为 4
> a(ind(ismissing(a))) ＝ 0　 ；ind 将 a 中为缺省值的数组索引取出,并将 a
> 　　中对应缺省值的元素赋值为 0
> print(a)　　　　　　　　　　 ；输出数组 a
> Variable：a
> Type：float
> Total Size：40 bytes
> 　　　　　　 10 values
> Number of Dimensions：1
> Dimensions and sizes：[10]
> Coordinates：
> Number Of Attributes：1
> 　_FillValue ：4
> (0) 1
> (1) 2
> (2) 3
> (3) 0
> (4) 5
> (5) 6
> (6) 0
> (7) 2
> (8) 8
> (9) 0

(5) reshape(val, dims)

功能说明：

重排数组维数

参数：

val：任何类型的多维数组

dims：整型,表示转化后的数组维数

示例：

```
x = random_uniform(−100,100,(/10,20,30/))    ;创建 10×20×30 的
    随机数组
xreshape = reshape(x,(/200,30/))                ;将数组维度转化为
    200×30
```

(6)qsort(value)

功能说明：

将 value 按照升序排列

示例：

```
x = (/ 4.2, 0.9, 3.4, 5.5 /)
qsort(x)
print(x)
Variable：x
Type：float
Total Size：16 bytes
             4 values
Number of Dimensions：1
Dimensions and sizes：[4]
Coordinates：
(0)0.9
(1)3.4
(2)4.2
(3)5.5
```

类似功能函数有 sqsort, dim_pqsort。

(7)get1Dindex_Collapse(x, exclude_value)

功能说明：

返回一维数组中不满足给定条件的下标索引。

参数：

x：一维数组

exclude_value：和 x 相同类型的数组,其中数值必须存在 x 中

示例:

```
year ＝ispan(2000，2006，1)  ；year 是从 2000 到 2006 间隔为 1 的数组
year_exc ＝ (/2000，2005/)
;得到除 year_exc 元素的其他元素索引
i ＝ get1Dindex_Collapse(year，year_exc)
;输出 i 索引中对应元素,其中 2000 和 2005 不包括在 i 的数组索引中
print("i="+i+"  year(i)="+year(i))
(0)i＝1   year(i)＝2001
(1)i＝2   year(i)＝2002
(2)i＝3   year(i)＝2003
(3)i＝4   year(i)＝2004
(4)i＝6   year(i)＝2006
```

3.6 语句

和其他编程语言一样,NCL 编程中最基本的元素是语句。依据功能的不同,语句可分为块(由一系列的语句组成)、条件表达式(if-then, if-then-else)、循环(do, do-while)等。

3.6.1 块

由一系列的语句组合在一起即是块,比如自定义的函数或者程序。块以 begin 开始,end 结束,其中间的语句将会被执行。

```
begin
语句 1
语句 2
    ……
end
```

在主程序中 begin 和 end 表达式不是必需的,但却是一个较好的编程习惯。

3.6.2　If 语句

```
if（逻辑表达式 ) then
        ［语句］
else
    ［语句］
end if
```

NCL 暂没有"else if"（后续版本将加入），但可以通过一个小技巧得到同样的效果，即将"if"和"else"合起来，在"end if"之前写在同一行：

```
if（逻辑表达式 A ) then
    ［语句］
else if（逻辑表达式 B ) then
    ［语句］
else if（逻辑表达式 C ) then
    ［语句］
else
    ［语句］
end if                   ;判断 C（包括"else"）
end if                   ;判断 B
end if                   ;判断 A
```

例如，

```
x = 8
if ( x . eq.  −6 ) then
    print( "if-statement 1" )
else if ( x . gt.  0  . and.   x . lt.  5 ) then
    print( "if-statement 2" )
else if ( x . lt.  0 ) then
    print( "if-statement 3" )
else
    print( "if-statement 1 else" )
```

```
end if
end if
end if
```

输出结果为:

```
if-statement 1 else
```

3.6.3　循环

循环虽非常有用,但 NCL 执行效率略低。因此利用 NCL 编程时应尽量少用循环。为提高程序的执行效率,建议使用矩阵运算符、NCL 的内置函数或程序、使用 Fortran 函数或者 C 语言编写子函数,并使用 wrapper 将其载入 NCL 脚本(详见 8.6 节)。NCL 循环有两种形式。

一是 do 循环:

```
do n=start, end [,stride]
    [语句]
end do
```

须注意的两点是:(1)stride 必须为正值,(2)当 end 的数值小于 start 的数值时,必须设定循环间隔(stride),表示倒序循环。

二是 do while 循环,即逻辑表达式的值为真时进行循环:

```
do while ( 逻辑表达式 )
    [语句]
end do
```

特殊语句:

```
break      中断并退出循环
continue   跳过一次循环,开始下一次循环
```

3.7　输出数据和变量信息

NCL 提供返回值和信息的标准输出(即屏幕输出)程序。

print(变量或者表达式) ;将在屏幕上输出变量的值或者一个
    表达式的值
printVarSummary(变量) ;输出一个变量的大致信息(变量名、
    数据类型、维数大小、元数据)
print_table(列表变量) ;格式输出列表变量的所有要素
printMinMax(数据变量,0) ;输出数据变量的最大值和最小值
printFileVarSummary(文件,变量名);输出一个文件变量的总体信息

在脚本的调试中,printVarSummary 因其可以输出变量总体信息,成为广泛应用的 NCL 调试工具。如果发邮件至 ncl-talk@ucar.edu 请求帮助时,提供 printVar-Summary 的输出信息将会很有帮助。

3.8 保留的关键词

表 3.6 中的关键词是 NCL 所保留的,不可用在用户所定义的变量、数组、列表、函数和程序等名称中。此外,NCL 内置的函数或程序的名称也被保留。

表 3.6 保留的关键词

begin	break	byte	character
continue	create	defaultapp	do
double	else	end	external
False	file	float	function
getvalues	graphic	if	integer
load	local	logical	long
new	noparent	numeric	procedure
quit	QUIT	reshape	record
return	setvalues	short	string
then	True	undef	while

第 4 章　文件读写

NCL 在输入输出不同格式类型的数据时，通常使用不同的函数，本章将对这些函数进行详细介绍。

4.1　函数 addfile 和 addfiles

对于 CCM、GRIB、HDF、HDF5、HDF-EOS、HDF5-EOS、HDF-EOS5-HDF5、NetCDF、SHP 等格式的数据，可通过函数 addfile 或 addfiles 输入或输出。

函数 addfile 既可读取或修改一个文件，也可创建一个新文件。函数 addfile 用法如下：

```
f = addfile(filename, status)
```

其中，f 指向需要打开或者创建的文件，filename 为文件名，status 为参数："r"为只读，"w"为写，"c"为创建。status 参数值可以叠加，如"rw"为可读可写。须注意的是，当 status 为"c"，即创建一个新文件时，如果同路径下已经存在同名文件，则会出现报错信息。对于此情况，须在使用函数 addfile 前将该同名文件删除，这可通过程序 systemfunc 调用 Linux 命令 rm 实现。例如，

```
filename = "/tmp/dataT_new.nc"
systemfunc("rm -f " + filename)
g = addfile(filename, "c")
```

文件打开后，用户可通过如下函数获取更多信息：

getvaratts	返回文件的全局属性
getfiledimsizes	返回文件中各坐标变量的数组大小
getfilevaratts	返回文件指定变量的属性
getfilevardims	返回文件指定变量的坐标变量的名称
getfilevardimsizes	返回文件指定变量的各维大小
getfilevarnames	返回文件中的所有变量名

getfilevartypes　　　　　　　　返回文件中指定变量的数据类型

可使用如下命令读取文件中变量的数值及其元数据：

```
fin = addfile("data. nc", "r")
t = fin->T
```

如需去除元数据，则加上"(/ /)"：

```
t = (/ fin->T /)
```

值得注意的是，加上"(/ /)"后仍可将_FillValue 属性传递到新变量 t 中。

当用户需一次读入多个文件时，则需使用函数 addfiles。例如，

```
list_of_files = systemfunc("ls . / * .nc")
file_list = addfiles(list_of_files, status)
```

其中，list_of_files 为一个一维字符串数组，它包含了所有当前路径下的 NetCDF 数据文件的全路径，file_list 为指向当前路径下各个 NetCDF 数据文件的列表(list)变量，status 通常为"r"，即读取(其写"w"和创建"c"功能暂不完善)。

可以看出，不同于函数 addfile 返回一个文件(file)变量，函数 addfiles 返回的是列表变量。可通过"[:]"读取列表中多个文件中的同一个变量。值得说明的是，NCL 有两种方式读取同一个变量，分别为"cat"和"join"，这可通过程序 ListSetType 设定。程序 ListSetType 默认的处理方式是"cat"，只增加变量的长度而不增加其维数，而"join"与之相反，只增加变量的维数而不增加变量长度。例如，有三个文件构成一个列表变量 f，每个文件都包含变量"TEMP"，其数组结构在三个文件中分别为 TEMP(1,10,20,30)，TEMP(22,10,20,30)和 TEMP(4,10,20,30)，可使用"cat"合并这三个"TEMP"变量：

```
t = f[:]->TEMP
```

则得到新变量 t 的数组结构为 t(27,10,20,30)。可见，"cat"方式并不要求同名变量 TEMP 的最左边维的大小相同，但其余维的大小须相同。

若采用"join"方式，则要求所有文件中的同名变量的数组结构必须相同。如列表变量 f 中三个文件含数组结构完全相同的同名变量 TEMP(12,72,144)：

```
ListSetType(f, "join")
x = f[:]->TEMP
```

则 x 的数组结构为 x(3,12,72,144),即相比原变量 TEMP 增加了一维,变为四维数组。

　　函数 addfiles 打开多个文件后,也可读取某些指定文件中的变量。例如,用户可能需要从列表变量中每隔一个文件读取变量:

> T_sec = f[0:12:2]->T(0,0,:,:)

即从列表变量 T_sec 中的第 0、2、4、6、8、10 和 12 个文件中读取变量 T 的部分数组。

4.2　创建 NetCDF 文件

　　NetCDF 是一种不依赖于计算机平台的自描述文件类型,NCL 支持四种类型的 NetCDF 文件:经典(classic),64 位偏移(64-bit offset),NetCDF4 经典(netCDF-4 classic),NetCDF4。如果用户要确认一个 NetCDF 文件的类型,则可通过命令"ncdump -k"来查看。

　　有两种创建 NetCDF 的方法。

　　(1)直接写入有元数据的变量,简单方便,但运行效率不高,如 NUG_write_netCDF_1. ncl 的代码片段:

```
fin   = addfile("../data/rectilinear_grid_2D. nc","r") ;-读入已有文件
fout = addfile("t_in_Celsius_1. nc","c") ;-指向将要创建的文件
filedimdef(fout,"time",-1,True) ;-定义文件中的"time"维的大小不
　　　固定

;--从已有文件 fin 中读入变量 tsurf,并做单位转换
tK = fin->tsurf
tC = tK
tC = tK - 273. 15
tC@units = "degC"

;--输出变量 tC 至文件 fout 中,并将该新写入的变量命名为"tc"
fout->tc = tC
```

　　(2)利用 fileattdef、filedimdef,filevarattdef 等函数事先定义 NetCDF 的属性、维数、坐标变量等信息,然后再写入变量。该方法较为复杂,但运行效率高。如 NUG_write_netCDF_2. ncl 的代码片段:

```
diri = "../data/"
outfile = "t_in_Celsius_2.nc" ;-要创建的文件名

;--从已有的 NetCDF 文件中读取变量及其元数据,为创建新的 NetCDF 文
    件做准备
fili = "rectilinear_grid_2D.nc"
fin = addfile(diri+fili,"r")
tK = fin->tsurf
time = fin->time
lat = fin->lat
lon = fin->lon
ntim = dimsizes(time)
nlat = dimsizes(lat)
nlon = dimsizes(lon)


tC = tK
tC = tK - 273.15
tC@units = "degC"


fout = addfile(outfile,"c") ;指向要创建的文件
;--定义其元数据
setfileoption(fout,"DefineMode",True)
;-首先定义其全域属性
fAtt = True
fAtt@title = "NCL Efficient Approach to netCDF Creation"
fAtt@source_file = fili
fAtt@Conventions = "CF"
fAtt@creation_date = systemfunc ("date")
fAtt@history = "NCL script: NUG_write_netCDF_2.ncl"
fAtt@comment = "Convert variable tsurf from degrees Kelvin to degrees
    Celsius"
```

```
fileattdef(fout,fAtt)

;再定义其坐标变量
dimNames = (/"time", "lat", "lon"/)
dimSizes = (/ -1 , nlat, nlon/) ；设定各坐标变量的数组大小
dimUnlim = (/ True , False，False/) ；时间维的大小不固定
filedimdef(fout,dimNames,dimSizes,dimUnlim)
filevardef(fout, "time" ,typeof(time),getvardims(time))
filevardef(fout, "lat" ,typeof(lat), getvardims(lat))
filevardef(fout, "lon" ,typeof(lon), getvardims(lon))
filevardef(fout, "tC" ,typeof(tK), getvardims(tK))
filevarattdef(fout,"time" ,time)
filevarattdef(fout,"lat" ,lat)
filevarattdef(fout,"lon" ,lon)
filevarattdef(fout,"tC", tC)
setfileoption(fout,"DefineMode",False) ；关闭文件定义模式

;-输出变量及其坐标变量的数值至 fout 中,这里使用"(//)"以去除各变量
    的元数据。在新文件 fout 中,如下 4 个变量将分别命名为"tc"、
    "time"、"latitude"和"longitude"
fout->tc = (/tC/)
fout->time = (/time/)
fout->latitude = (/lat/)
fout->longitude = (/lon/)
```

4.3　读取 ASCII 文件

　　ASCII 文件是包含整数型或者浮点型数据的文本文件。在 NCL 中,可以使用函数 asciiread 来读取文本文件。下例将介绍如何读取一个 14 行、每行 1 个数据的文本文件 asc1. txt。asc1. txt 内容如下:

```
1965
1970
1971
1973
1978
1980
1982
1985
1990
2000
2001
2002
2005
2008
```

读取该文件 NUG_read_ASCII_1.ncl 的代码片段为：

```
data = asciiread("../data/asc1.txt",14,"integer")
npts = dimsizes(data) ;14,对应 14 行记录
print("Number of values: "+npts)
print(data)
```

如果用户不确定文本文件中有多少行，则可用"-1"让 NCL 从左向右、从上到下依次将所有数据读入并返回一个一维变量：

```
data = asciiread("../data/asc1.txt",-1,"integer")
npts = dimsizes(data)
print("Number of values: "+npts)
print(data)
```

上述两个代码段都将输出：

```
(0) Number of values：14
Variable：data
Type：integer
Total Size：56 bytes
14 values
Number of Dimensions：1
Dimensions and sizes：[14]
Coordinates：
Number Of Attributes：1
_FillValue ：-2147483647
(0) 1965
(1) 1970
(2) 1971
(3) 1973
(4) 1978
(5) 1980
(6) 1982
(7) 1985
(8) 1990
(9) 2000
(10) 2001
(11) 2002
(12) 2005
(13) 2008
```

如果文本文件的开始处还包含文字描述，如文本文件 asc2. txt 除第 1 行的文字外，还有 17 行×2 列的数据，其前 5 行为：

```
Estimated world population (in millions) taken from Wikipedia
1000 310.
1750 791.
1800 978.
1850 1262.
......
```

　　因第 1 行不含任何数值，可使用函数 asciiread 将首行略去并直接读取其剩余部分的数值，NUG_read_ASCII_2.ncl 的代码片段：

```
data = asciiread("../data/asc2.txt",(/17,2/),"float")
print(data)
```

输出为：

```
Variable：data
Type：float
Total Size：136 bytes
34 values
Number of Dimensions：2
Dimensions and sizes：[17] × [2]
Coordinates：
Number Of Attributes：1
_FillValue ：9.96921e+36
(0,0) 1000
(0,1) 310
(1,0) 1750
(1,1) 791
(2,0) 1800
(2,1) 978
(3,0) 1850
(3,1) 1262
……
```

有些文件则包含了多行不同类型数据，如 asc3.txt：

```
200306130209 0.38 25.28 10088 233.95 6 92 9.99 9.99 99999.0 0 0.0 -9.99
167.9 p p p 1782 BOS ATL 3
200306130209 0.38 25.28 10088 233.95 6 92 9.99 9.99 99999.0 0 0.0 -9.99
167.9 p p p 1782 ORD ATL 3
200306122341 -45.10 168.70 914 279.35 4 272 9.99 9.99 1.1 0 0.0 0.01
-99.9 p p p 4552 DTW MSP 3
```

该文件中的第 1 列数据为年、月、日、时和分,第 18 列为站点名。利用 NUG_read_ASCII_3. ncl 读取上述信息,其代码片段:

```
fname = "../data/asc3.txt"
data = asciiread(fname,-1,"string")  ;将文件内容读出为字符串

;--利用函数 str_get_cols 以字符为列单位(从 0 开始),读取年、月、日、时和
    分,再利用函数 tofloat 将字符型数据转换为浮点型数据
year = tofloat(str_get_cols(data,0,3))
month = tofloat(str_get_cols(data,4,5))
day = tofloat(str_get_cols(data,6,7))
hour = tofloat(str_get_cols(data,8,9))
minute = tofloat(str_get_cols(data,10,11))

;--再利用函数 str_get_field 以空格为列分隔符,提取第 18 列数据(从 1 开
    始,此为特殊情况)
sta = str_get_field(data,18," ")

print("Year:"+year+" month:"+month+" day:"+day+" hour:"+
    hour+" minute:"+minute)
print("Data:")
print(""+sta)
```

输出为:

```
(0) Year:2003 month:6 day:13 hour:2 minute:9
(1) Year:2003 month:6 day:13 hour:2 minute:9
(2) Year:2003 month:6 day:12 hour:23 minute:41
(3) Year:2003 month:6 day:12 hour:23 minute:41
(0) Data:
(0) BOS
(1) ORD
(2) DTW
(3) SDF
```

更多示例请参考 http://ncl. ucar. edu/Applications/read_ascii. shtml。

4.4　创建 ASCII 文件

有五个 NCL 函数可创建 ASCII 文件。(1)函数 asciiwrite 是较早的一个函数，每行存储一个数据，主要用于输出一维数据；(2)函数 write_table 输出规定格式的各类型数据；(3)函数 sprintf 将浮点型数据转换为字符型；(4)函数 sprinti 将整数型数据转换为字符型；(5)函数 write_matrix 输出规定格式的二维整数型、浮点型或者双精度型数据。

(1)程序 asciiwrite 创建每行一个数据的文件(NUG_write_ASCII_1. ncl 代码片段)：

```
data = random_uniform(−5,5,(/2,3,4/)) ;-生成一个(/2,3,4/)的随机
    数组
asciiwrite("file1. txt",data)
```

创建的文件 file1. txt 前 3 行内容大致如下：

```
−1.762895
−1.75608
−0.06612359
```

(2)程序 write_table 创建多类型数据文件(NUG_write_ASCII_2. ncl 代码片段)：

```
npts = 100
i = ispan(1,npts,1)
j = generate_unique_indices(npts)
k = generate_unique_indices(npts)
x = random_uniform(-10,10,npts)
y = random_uniform(0,1000. ,npts)
write_table("file2. txt","w",[/j,x,i,y,k/], \
"string_%03i %8.2f %4.0i %8.1f string_%03i")
```

其中，程序 write_table 中的第 2 个参数"w"为(覆盖)写，若为"a"则表示在原文件后追加输出；第 3 个参数为要输出的变量，这里通过"[/ /]"将各变量构造成一个列表

变量；第 4 个参数中的"string_%03i"表示输出为以"string_"为开头，紧接一个 3 位整型数据的字符串；"%8.2f"表示输出的浮点型数值共占 8 位，小数点后占 2 位，其他格式以此类推。须注意的是，上述第 3 个参数中各格式之间的空格也会一同写入输出文件中。

创建的 file2.txt 文件前 3 行内容如下：

string_031	−0.11	1	269.1	string_040
string_074	5.17	2	798.3	string_018
string_015	8.73	3	408.6	string_082

(3)同上例，但利用函数 sprintf 和 sprinti 将数据格式化并转换为字符串，最终通过函数 asciiwrite 输出至文件。该方法可能导致创建文件费时较长（NUG_write_ASCII_3.ncl 代码片段）：

```
lines = "string_" +sprinti("%03i", j) + " " + \
sprintf("%8.2f",x) + " " + sprinti("%4.0i", i) + " " + \
sprintf("%8.1f",y) + " " + " string_" + sprinti("%03i", k)
asciiwrite("file3.txt",lines)
```

创建的 file3.txt 文件同 file2.txt。

(4)输出三维变量，NCL 主要通过连续输出二维数组实现。这里只能使用程序 write_table，因为它是 NCL 中唯一能够在已有 ASCII 文件后追加输出数据的函数或程序。该方法要求使用列表变量，通过"push"两维数组的每一列至该列表变量中。此外，用户在每次"push"时必须用一个唯一的变量名，这可借助函数 unique_string 每次产生一个唯一的字符串和属性。通常并不推荐将较大的三维或更多维数组输出至 ASCII 文件中，因为该方法效率较低。以下为 NUG_write_ASCII_4.ncl 代码片段：

```
nx = 200   ;块数
ny = 100   ;行数
nz = 10    ;列数
data = random_uniform(-5,5,(/nx,ny,nz/))
filename = "file4.txt"
system("rm -f " + filename)
```

header = "This ASCII file contains " + nx + " blocks of " + ny + " x
　　" + nz + " arrays"
write_table(filename，"w"，[/header/]，"%s")；创建新文件，写入第一
　　行文字 header

;--下一行代码用于设定每行数据的字符串格式。它有 nz 次重复的"%
　　8.3f"。这里首先使用函数 conform_dims 将字符串"%8.3f"扩展为大
　　小为 nz 的一维数组，其数值均为"%8.3f"；再利用函数 str_concat 将
　　其连接成一个字符串
fmt_str = "%s" + str_concat(conform_dims(nz,"%8.3f",-1))；"%s"
　　对应着要以字符串形式写入"Row "和行号

row_labels = "Row " +sprinti("%3i",ispan(1,ny,1))；记录行号
dtmp = True

;--以块为最外层循环，每次写入一个二维数组
do i＝0,nx-1
　　slist = [/"Block " + (i+1) + " of " + nx/]
　　write_table(filename,"a",slist,"%s")；"a"表示在原文件最后增加记
　　　　录输出
　　dlist = NewList("lifo")；创建列表变量，"lifo"表示最后进，最先出
　　　　(Last In, First Out)；另一种方式为"fifo"，即最先进，最先出(First
　　　　In, Last Out)
　　;-将数据逐列"push"至列表变量 dlist 中
　　do j＝nz-1,0,1
　　　　ListPush(dlist,(/data(i,:,j)/))
　　end do
　　;-最后"push"行号信息至列表变量 dlist 中
　　str = unique_string("test")；创建唯一字符串
　　dtmp@ $ str $ = row_labels
　　ListPush(dlist,dtmp@ $ str $)
　　;-输出列表变量 dlist 中
　　write_table(filename, "a",dlist, fmt_str)
end do

创建的 file4. txt 文件前 5 行内容大致如下：

```
This ASCII file contains 200 blocks of 100 x 10 arrays
Block 1 of 200
Row   1  -1.763   -1.756   -0.066   -2.113   -1.470
         -3.460    0.662    3.207   -1.745   -1.599
Row   2   3.952   -1.634   -2.150    0.034    2.735
         -4.788   -4.630   -2.094   -4.139    2.476
Row   3  -1.406   -2.919   -4.202   -3.521    2.082
         -1.046    2.644    1.459   -0.269    3.595
```

(5)程序 write_matrix 输出更美观的格式(NUG_write_ASCII_5. ncl)：

```
nrows = 5
ncols = 7
ave = 0.0
std = 5.0
xf = random_normal(ave, std, (/nrows,ncols/))  ；浮点型
xi = round(xf, 3)    ；返回与 xf 最为接近的整型数值
xd = todouble(xf)
;--设置两个缺省值
xf@_FillValue = 1e36
xf(1,1) = xf@_FillValue
xf(3,3) = xf@_FillValue
;--设置输出选项
option = True
option@row    = False   ；不输出行编号
option@tspace = 0         ；标题前的空格数为 0
;--创建第一个(浮点型)文件
option@fout    = "file5. f. txt"
option@title   = "floating point data with two missing values"
write_matrix(xf, "7f7. 2", option)
;--创建第二个(整型)文件
option@fout    = "file5. i. txt"
```

```
option@title = "integer data with no missing values"
write_matrix (xi, "7i7", option)
;--创建第三个(双精度浮点型)文件
option@fout = "file5.d.txt"
option@title = "double precision data with no missing values"
write_matrix (xd, "7f7.2", option)
```

创建的 file5.f.txt 文件内容大致如下：

```
floating point data with two missing values
    4.35         4.36    9.73    4.91      1.77     -0.63   -4.29
    4.39 ******* -5.84   4.59    3.68     -14.12     0.07
    0.27         3.77    0.89   -3.09      5.08     -2.51    5.85
   -3.35        -1.66    8.46 *******     0.14      1.76    0.87
   -6.90         4.06   10.39    4.56     -5.63     -1.43    8.65
```

创建的 file5.i.txt 文件内容大致如下：

```
integer data with no missing values
    4       4      10      5       2      -1      -4
    4       5      -6      5       4     -14       0
    0       4       1     -3       5      -3       6
   -3      -2       8      8       0       2       1
   -7       4      10      5      -6      -1       9
```

4.5　读取 CSV 文件

微软 Excel 软件可以保存多种格式,以文本格式保存的格式中,CSV 文件使用十分广泛,使用 NCL 处理此类文件时,需要使用 NCL 内置函数,如 asciiread、str_fields_count 以及 str_get_field 等读入。

(1)简单 CSV 文件的读取,例如,文件 NUG_CSV_simple.csv 内容如下:

2.00;3.50;5.10;8.20

2.40;3.10;4.80;8.90

2.60;3.70;5.30;10.10

读入该数据的 NUG_read_CSV_1_c.ncl 的代码片段：

```
fili    = "../data/NUG_CSV_simple.csv"
delim = ";"              ;设定数据分隔符
data   = asciiread(fili, -1, "string")；全部读入为字符串数据,共5个值,
    对应 NUG_CSV_simple.csv 中的5行
scount = str_fields_count(data(0),delim)；依据第1个数值,以 delim 为
    分隔符,返回整个文件中的列数
nl     = dimsizes(data)
lines  = new(nl, "string")
cols   = new(scount, "string")
val    = new((/nl,scount/), float)
do i = 0,nl-1
  do j = 1,scount
    value = tofloat(str_get_field(data(i),j,delim))；依次读取每行每列
       的数值,并利用函数 tofloat 将其转换为浮点型数据
    val(i,j-1) = value
  end do
end do
```

其中,最后两重循环也可用如下代码代替：

```
val = str_split_csv(data,delim,0)
```

（2）如果 CSV 文件较复杂,例如,文件 NUG_CSV_multiple_columns.csv 中前三行内容如下：

```
19747,01/20/2014,9:31:38,43.194,7.971,75,1011,64.23,2.291,
    0.969,22.0,0,395.20,369.01,361.25,734.49,1209.62,NaN,NaN,
    NaN,NaN,NaN,1.0710,1.0215,0.4918,0.6072,0.308,0.278,
    0.265,0.208,0.144,NaN
19747,01/20/2014,10:18:05,43.188,28.062,75,1008,63.28,2.216,
    0.969,21.2,0,414.54,389.68,377.82,770.75,1216.23,NaN,NaN,
    NaN,NaN,NaN,1.0638,1.0314,0.4902,0.6337,0.313,0.272,
    0.259,0.195,0.147,NaN
19747,01/20/2014,10:32:54,43.208,7.012,75,1008,65.32,2.384,
    0.969,19.8,0,388.66,364.70,355.26,731.68,1171.65,NaN ,NaN,
    NaN,NaN,NaN,1.0657,1.0266,0.4855,0.6245,0.287,0.263,
    0.257,0.200,0.152,NaN
```

则读取该文件的 NUG_read_CSV_2.ncl 的代码片段：

```
fname = "../data/NUG_CSV_multiple_columns.csv"
delim1 = ","
delim2 = "/"
delim3 = ":"

alldata = asciiread(fname, -1, "string")        ;读入全部数据为字符串
    型,每个数值对应一行
scount = str_fields_count(alldata(0),delim1)    ;获取文件列数

;--以",","为列分割符获取 alldata 中的相关数值
dat = str_get_field(alldata,2,delim1)           ;返回第 2 列数据
tim = str_get_field(alldata,3,delim1)           ;返回第 3 列数据
var = tofloat(str_get_field(alldata,29,delim1));返回第 29 列数据
```

```
;--以"/"为列分割符获取 dat 中的日期,并转换为整型数据
month = toint(str_get_field(dat,1,delim2))          ; 返回第 1 列数据
day    = toint(str_get_field(dat,2,delim2))          ; 返回第 2 列数据
year   = toint(str_get_field(dat,3,delim2))          ; 返回第 3 列数据

;--以":"为列分隔符获取 tim 中的时间,并将其转换为整型数据
hour   = toint(str_get_field(tim,1,delim3))          ; 返回第 1 列数据
minute = toint(str_get_field(tim,2,delim3))          ; 返回第 2 列数据
second = toint(str_get_field(tim,3,delim3))          ; 返回第 3 列数据
```

4.6　创建 CSV 文件

NCL 也支持创建 CSV 文件,有多种方式可以创建 CSV 文件,如 asciiwrite,write_table 等。

(1)利用内置程序 asciiwrite 创建最为简单的 CSV 文件(NUG_write_CSV_1.ncl 的代码片段):

```
filename = "file1.csv"
system("rm -rf " + filename)


x1 = (/34,36,31,29,54,42/)
x2 = (/67,87,56,67,71,65/)
x3 = (/56,78,88,92,68,82/)
;-使用 sprinti 将输出格式优化
lines = sprinti("%2i",x1) + "," + sprinti("%2i",x2) + "," + sprinti
    ("%2i",x3)
asciiwrite(filename,lines)
```

(2)利用内置程序 write_table 创建 CSV 文件(NUG_write_CSV_2.ncl 的代码片段):

```
filename = "file2.csv"
system("rm -rf " + filename)
```

```
a = (/111, 222, 333, 444/)                    ; 整型数组
b = (/1.1, 2.2, 3.3/)                          ; 浮点型数组
c = (/"a", "b", "c"/)                          ; 字符型数组
d = (/11h, 22h/)                               ; 短型数组
f = (/111l, 221l, 331l, 441l, 551l, 661l/)     ; 长型数组
alist = [/a, b, c, d, f/]                       ; 列表变量
header = (/"-------------------------------", \
            "This is a file header", \
            "-------------------------------"/)
footer = (/"-------------------------------", \
            "This is a file footer", \
            "-------------------------------"/)
hlist = [/header/]
flist = [/footer/]
write_table(filename, "w",hlist, "%s")
write_table(filename, "a", alist, "%d%16.2f%s%d%ld")
write_table(filename, "a",flist, "%s")
```

4.7　读取二进制文件

无论是创建还是读取二进制文件,均有两种方式,它们均通过数据记录(record)实现。但两种方式的不同之处在于,一种方式是每个数据记录的长度相同,而另一种方式中每个记录的长度不一定相同。前者对应 Fortran 程序的直接存取(direct-access),后者则对应 Fortran 程序采用顺序存取(sequential-access)。在后者中,数据文件中还包含了每个记录的长度信息。

两种方式对应着不同的读写函数:

直接读取,data = fbindirread(path,rec,dim,type);

顺序读取,data = fbinrecread(path,rec,dim,type)。

其中,path 表示数据文件的路径及其名称,rec 为数据记录号,dim 为该记录号的数据大小,type 为数据的类型。

(1)内置程序 fbindirread 经常用于读取 GrADS 二进制文件。在 GrADS 二进制文件中,除数据文件(.dat)外,还需要相应的数据描述文件(.ctl),它包含了经度(XDEF)、纬度(YDEF)和时间(TDEF)等坐标变量信息以及缺省值和变量长名称等

属性,如 ps_grads_model.ctl 文件：

```
DSET    ^ps_grads_model.dat
OPTIONS little_endian
UNDEF   -2.56E33
TITLE 5 Days of Sample Model Output
XDEF 73 LINEAR   0.0 5.0
YDEF 46 LINEAR   -90.0 4.0
ZDEF 1 linear 1 1
TDEF 5 LINEAR 02JAN1987 1DY
VARS 1
PS     0   99    Surface Pressure
ENDVARS
```

读取该 GrADS 文件的 NUG_Binary_GrADS.ncl 的代码片段为：

```
ps = fbindirread("../data/ps_grads_model.dat", 0, (/5, 46, 73/),
    "float")
```

如果用户仅需读取 1987 年 1 月 4 日的数据,即第 2 条(从 0 开始)记录,此时每条数据记录的长度变为(/46,73 /),则：

```
ps2d = fbindirread("../data/ps_grads_model.dat", 2, (/46, 73/),
    "float")
```

若要进一步绘制 ps2d,则须设置变量 ps2d 的元数据。通常有两种设置方法：一是从已有的 NetCDF 文件中读取数组结构与变量 ps2d 一致的变量,比如变量 ps_nc(46,73),再通过程序 copy_VarMeta(ps_nc, ps)复制元数据;二是根据 CTL 文件手动设置变量 ps 的元数据：

```
nlat = 46       ; YDEF
mlon = 73       ; XDEF
```

```
;-设定经度坐标变量
lon = ispan(0,mlon−1,1) * 5.
lon!0           = "lon"
lon@long_name = "longitude"
lon@units       = "degrees_east"

;-设定纬度坐标变量
lat = ispan(0,nlat−1,1) * 4. +  (−90.)
lat!0           = "lat"
lat@long_name = "latitude"
lat@units       = "degrees_north"

;--设置变量 ps2d 的元数据
ps2d!0 = "lat"
ps2d!1 = "lon"
ps2d&lat = lat
ps2d&lon = lon
ps2d@long_name = "Surface Pressure"
ps2d@_FillValue = −2.56E33
```

须注意的是,不同系统创建的二进制文件有可能存在兼容性问题,这与数据文件在计算机存储时采用大字节序(big-endian)还是小字节序(little-endian)存取有关。NCL 通过程序 setfileoption 可实现在大字节序存取的计算机上创建小字节序存取的文件,反之亦然。例如,用户须读取采用大字节序创建的二进制文件 topo. bin:

```
setfileoption("bin","ReadByteOrder","BigEndian")
topo = fbindirread("topo. bin",0,(/293,343/),"float")
```

(2)使用内置程序 fbinrecread 顺序读取二进制文件的变量,并给变量添加属性信息(NUG_read_Binary_rec. ncl 的代码片段):

```
;--读取前 3 条记录。注意,每条记录的长度不相同
;读入第 0 条记录,其长度为 94,类型为浮点型
lat = fbinrecread("../data/NUG_read_Binary_rec.bin",0,94,"float")
;读入第 1 条记录,其长度为 192,类型为浮点型
lon = fbinrecread("../data/NUG_read_Binary_rec.bin",1,192,"float")
;读入第 2 条记录,其长度为(/94,192/),类型为浮点型
t = fbinrecread("../data/NUG_read_Binary_rec.bin",2,(/94,192/),
    "float")
;--为变量 lat,lon,t 添加属性
  lon!0           = "lon"
  lon@long_name   = "lon"
  lon@units       = "degrees-east"
  lon&lon         = lon
  lat!0           = "lat"
  lat@long_name   = "lat"
  lat@units       = "degrees_north"
  lat&lat         = lat
  t!0             = "lat"
  t!1             = "lon"
  t&lat           = lat
  t&lon           = lon
  t@long_name     = "temperature"
  t@units         = "K"
```

4.8 创建二进制文件

NCL 创建二进制文件的内置程序主要有四个,其中 fbinrecwrite 用于多个记录的顺序存取,fbindirwrite 用于多个记录的直接存取,fbinwrite 用于单个记录顺序存取,cbinwrite 则类似 C 语言块(block)输入输出。下面主要介绍前两个函数的常见用法。

(1)用程序 fbinrecwrite 以 Fortran 无格式顺序方式输出。以下为 NUG_write_Binary_1.ncl 代码片段:

```
;--读入变量及其元数据
fi = addfile("../data/rectilinear_grid_2D.nc","r")
t  = fi->tsurf


;--设置输出文件
file_out = "file1.bin"
if (isfilepresent(file_out)) then
   system("rm -rf "+fileout) ;-确保不存在同名文件
end if
;--以下的"-1"参数表示在前一个记录号后顺序添加
fbinrecwrite(file_out, -1, (/ fi->lat /))
fbinrecwrite(file_out, -1, (/ fi->lon /))
fbinrecwrite(file_out, -1, (/ t(0,1,:) /))
```

可见,该脚本在创建的二进制文件 file1.bin 中写入了三条长度不一的数据记录,第一条为坐标变量 lat 的数值,第二条为坐标变量 lon 的数值,第三条则为变量 t 的部分数值。读取该文件时,须使用函数 fbinrecread,请参考 4.7 节。

(2)用函数 fbindirwrite 将三个变量依次写入同一个文件。注意,对于同名文件,函数 fbindirwrite 在输出时,并不覆盖重写,而是在文件最后追加输出数据,这与 Fortran 默认的直接输出方式不同。以下为 NUG_write_Binary_2.ncl 代码片段:

```
nlev = 10
nlat = 64
nlon = 128
t1 = random_uniform(0,100,(/nlev,nlat,nlon/))
t2 = random_uniform(0,100,(/nlev,nlat,nlon/))
t3 = random_uniform(0,100,(/nlev,nlat,nlon/))
filename = "file2.bin"
system("rm -f " + filename)
;--依次输出三个变量
fbindirwrite(filename,t1)
fbindirwrite(filename,t2)
fbindirwrite(filename,t3)
```

读取该脚本所创建的二进制文件,须使用函数 fbindirread,请参考 4.7 节。

第 5 章   常见计算函数举例

在绘图之前,通常需对数据进行运算处理,这可借助于 NCL 的内部函数或程序。对于 NetCDF 数据而言,用户还可使用 CDO 或者 NCO 这些更高效的运算处理工具(见 9.4 节)。

数据运算处理中最重要的原则就是查看数据。 如果用户对所使用的数据有足够的了解,则可避免很多错误和警告。要获得数据文件的内容概述,可在终端中输入如下命令进行查询:

```
ncl_filedump <your_filename>
```

或者:

```
ncdump -h <your_filename>
```

本章将介绍几个常用计算函数,希望读者对函数的使用有进一步的了解。更多计算函数请参考 NCL 官网或《NCl 数据处理与绘图实习教程》(施宁等,2017)附录 D 中介绍的常用计算函数。

5.1   数组的平均值

函数 dim_avg_n 或 dim_avg_n_Wrap 可计算变量在指定维上的平均值,后者还可保留元数据:

```
xout       = dim_avg_n (x, dims)      ; 不保留元数据
xout_wrap  = dim_avg_n_Wrap(x, dims)  ; 保留元数据
```

其中,dims 为一维整型数组,表示计算数组 x 的第 dims 维(最左边维为第 0 维)的平均值。假定变量 x 的维数为 m,dims 的数组大小为 n(n 可不为 1),则返回数组 xout 或 xout_wrap 的维数为 m−n。

假设数组 tas(time,lat,lon):

```
;--计算 tas 纬向平均值,不保留元数据
tasAvg = dim_avg_n(tas,2) ; tasAvg(time,lat)


;--计算 tas 时间平均值,并保留其元数据
tasAvg = dim_avg_n_Wrap(tas,0) ; tasAvg(lat,lon),tas 的 lat 和 lon 坐
    标变量和属性等元数据被保留至 tasAvg 中


;--计算 tas 纬度和经度的空间平均值,并保留其元数据
tasAvg = dim_avg_n_Wrap(tas,(/1,2/)) ; tasAvg(time),参数(/1,2/)
    对应着 tas 的纬度维和经度维
```

5.2　数组的标准差

函数 dim_stddev_n 或 dim_stddev_n_Wrap 可计算数组在指定维上的标准差,后者可保留元数据:

```
ret_var      = dim_stddev_n(var, dims)      ;不保留元数据
ret_var_wrap = dim_stddev_n_Wrap(var, dims) ;保留元数据
```

其中 dims 为一维整型数组,表示计算数组 x 的第 dims 维的标准差。该函数主要计算样本标准差($\sigma = \sqrt{\dfrac{\sum_1^N (x_i - \mu)^2}{N-1}}$),即除以减 1 后的样本数。假定变量 var 的维数为 n,dims 的数组大小为 m,则返回数组 ret_var 或 ret_var_wrap 的维数为 n−m。

假设数组 tas(time,lat,lon):

```
;--计算 tas 在各个空间格点上的时间标准差,不保留元数据
tasStdT = dim_stddev_n(tas,0)      ; tasStdT(lat,lon)


;--同上,但保留元数据
tasStdT = dim_stddev_n_Wrap(tas,0)      ; tasStdT(lat,lon)
```

```
;--计算 tas 每个时次的空间标准差,保留元数据
tasStdT = dim_stddev_n_Wrap(tas,(/1,2/))              ; tasStdT(time)
```

5.3   加权面积平均

函数 wgt_areaave 或 wgt_areaave_Wrap 可计算数组的加权面积平均,后者可保留元数据:

```
qave       = wgt_areaave(q, wgty, wgtx, opt)          ; 不保留元数据
qave_wrap = wgt_areaave_Wrap(q, wgty, wgtx, opt)  ; 保留元数据
```

其中,q 为输入的二维或更多维的数组,wgty 和 wgtx 分别表示变量 q 在"lat"/"y"维和"lon"/"x"维的一维权重数组。opt 为缺省值处理选项,opt=0 表示忽略缺省值;opt = 1 表示在 q 为缺省值的格点上返回缺省值。如果输入变量 q 的维数为 m,则返回变量 qave 或 qave_wrap 的维数为 m−2。

假设变量 tas(time,lat,lon):

```
;--计算 tas 以纬度 lat 的余弦值为权重的面积平均
rad       = 3.1415926/180.                    ; 单位角度的弧度值
weights   = cos(lat * rad)                     ; 纬度的余弦值
area_avg  = wgt_areaave(tas,weights,1.0,1)     ; 经度方向上为等权重
```

5.4   滑动平均

函数 runave_n 或 runave_n_Wrap 可计算数组的等权重滑动平均,后者可保留元数据:

```
xave       = runave_n(x,nave,opt,dim)          ; 不保留元数据
xave_wrap = runave_n_Wrap(x,nave,opt,dim)    ; 保留元数据
```

其中,x 为输入数组,nave 为等权重滑动平均时的格点数目,dim 为进行滑动平滑的维,opt 为边界点选项,通常设 opt=0,表示将起始和结束处的附近格点设为缺省值;若设 opt 为小于 0 的值,则表示采用循环边界点进行计算,返回变量 xave 的数组结构与输入变量 x 相同。

假设变量 tas(time,lat,lon)：

```
;--计算 tas 在 time 维上的 3 点滑动平均,不保留元数据
xave        = runave_n(tas,3,0,0)

;--同上,但保留元数据
xave_wrap = runave_n_Wrap(tas,3,0,0)
```

5.5　线性回归

函数 regline 可计算出两个一维变量间的回归系数(趋势或斜率)、t 值统计量和 y 截断等信息：

```
rc = regline(x, y)
```

其中,x 和 y 为输入的两个一维变量(如需计算多维数组的回归系数,请用函数 reg-Coef,可参考 NCL 官网或《NCL 数据处理与绘图实习教程》(施宁等,2017))。数组 x 和 y 可有缺省值。返回变量 rc 有如下属性值:(1) xave,x 的平均值;(2) yave,y 的平均值;(3) tval,t 值统计量;(4) rstd,估算回归系数的标准差;(5) yintercept,x=0 时的 y 值,即 y 截断值;(6) nptxy,样本个数。

以下为 NUG_statistics_linear_regression. ncl 代码片段,它计算并绘制了地面气温 tas 的加权面积平均及其在时间维上的滑动平滑和线性回归(图 5.1)。

```
diri = "$NCARG_ROOT/lib/ncarg/data/nug/"
fili    = "tas_mod1_rcp85_rectilin_grid_2D. nc"

f       = addfile(diri+fili,"r")
var    = f->tas(:,0,:,:)
;-------------------------------------------------
;-- y = mx+b
;-- m 为斜率,即函数 regline 返回值
;-- b 为截断
;-------------------------------------------------
x      =  f->time                       ;时间
y      = wgt_areaave_Wrap(var, 1., 1., 0)  ;面积平均的时间序列
```

```
y_rave    = runave_n_Wrap(y,11,0,0)          ; 11 点滑动平均
rc        = regline(x, y)                      ; 线性回归
y_stat2   = rc * x + rc@yintercept            ; 创建回归序列
;或者 y_stat2 = rc * (x-rc@xave) + rc@yave
（绘图代码略）
```

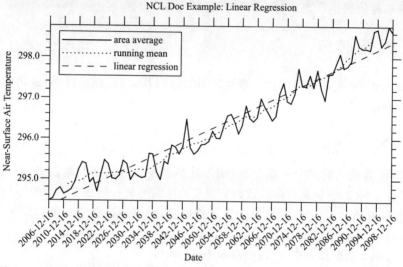

图 5.1   地面气温的加权面积平均及其时间维上的滑动平滑和线性回归(单位:K)

5.6   月平均资料计算年平均

函数 month_to_annual 可计算月平均变量的年平均值:

```
array_annual = month_to_annual(array_mon,option)
```

其中,array_mon 是月平均数组变量,其时间维的大小应为 12 的倍数。option 为计算参数,option=0 为计算 12 个月的算术和,option=1 则将 12 个月的算术和除以12,即得年平均值。返回数组 array_annual 时间维的大小是输入数组 array_mon 时间维大小除以 12,其余维的大小同 array_mon 对应维的大小。

假设数组 tas(120,194,201)为 120 个时次(10 年的月平均资料)在纬度(194 个格点)/经度(201 个格点)网格上的变量,计算其年平均:

```
tas_ym = month_to_annual(tas,1)             ; tas_ym(10, 194, 201)
```

第 6 章　网格转换（regridding）

不同来源的数据集通常分布在不同的网格系下。脚本 plot-grids.ncl 给出了直线网格（rectilinear）、曲线网格（curvilinear）和非结构网格的示意图（图 6.1）。其中，直线网格中每个网格点的经度与纬度均可由一个一维数组唯一指定。例如，

```
lon = ispan(0,357,3)              ; 间隔为 3,共 120 个数
lon@units = "degrees_east"
lat = ispan(-90,90,2)             ; 间隔为 2,共 180 个数
lat@units = "degrees_north"
```

则数组 lon 与 lat 这两个一维数组可唯一确定 $3° × 2°$ 的直线网格中每个格点的地理位置（图 6.1a）。上例中如果将 lon 与 lat 的数值间隔取为一致,比如均取为 $2°$,则该网格即为常见的等经纬度网格。曲线网格（图 6.1b）与直线网格不同,该网格下每个

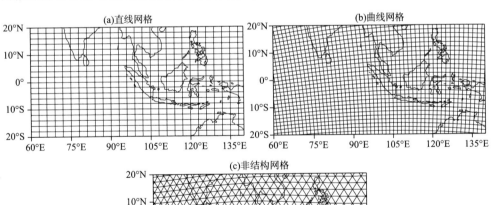

图 6.1　不同网格系示意图

(a)直线网格；(b)曲线网格；(c)非结构网格

格点的经度和纬度均由一个二维数组指定,这种网格常见于卫星资料与 WRF 模式输出资料。上述直线网格与曲线网格均属于结构网格。至于非结构网格,图 6.1c 给出了一种三角形网格。从图中可见,三角形的形状及大小在不同区域并不相同。因此图中每个格点的经纬度位置须手动指定,这使得它们较为复杂。但正是由于它们的排列不受限制,所以它们在定义复杂形状方面的能力更加灵活。

在可视化(visualization)或绘制不同网格下的数据之前,常常需要对数据进行数学运算。例如,用模式数据和参考数据(如观测数据)的差值表示模式的偏差。而这两个来源的数据集通常不在同一种网格下。可见,要对不同网格下的数据集进行分析和比较,须将它们插值至同一种网格下,即网格转换。

网格转换的方法通常有两种:一是用 CDO(CDO 是基于命令行,它可以在 NCL 代码中使用函数 systemfunc 或在 shell 脚本中调用,见第 9.4.1 节);二是用地球系统模拟框架(Earth System Modeling Framework,ESMF)网格转换函数。ESMF 是"构建并耦合天气、气候和相关模式的软件",其中的"ESMF_RegridWeightGen"工具已被整合至 NCL,成为内置函数 ESMF_regrid,它可生成插值权重文件以便从一个网格系转换至另一个网格系。NCL 脚本中可直接调用函数 ESMF_regrid,但这需要用户首先加载 ESMF_regridding.ncl 库函数文件:

```
load "$NCARG_ROOT/lib/ncarg/nclscripts/esmf/ESMF_regridding.
    ncl"
```

需要说明的是,函数 ESMF_regrid 仅进行内插,若要将部分台站资料外插至指定格点上,可参考 7.20 节中使用的函数 obj_anal_ic_Wrap。

6.1　函数 ESMF_regrid

函数 ESMF_regrid 的用法如下:

```
var_regrid = ESMF_regrid(data, opt)
```

其中,data 为源数据,var_regrid 为内插后的目标数据,opt 为一个逻辑值,可通过其属性设定插值参数。源网格和目标网格可为直线网格、曲线网格和非结构网格。如果变量 data 是曲线或直线型经纬度网格,则变量 data 的最右边二维必须分别是纬度维与经度维。

通常而言,函数 ESMF_regrid 实现网格转换的步骤为:

①将源(source)网格信息写入一个 ESMF 标准的 NetCDF 文件中;

②将目标网格信息写入一个 ESMF 标准的 NetCDF 文件中;

③创建一个插值权重 NetCDF 文件;

④将插值权重应用到源网格系下的数据,并将数据插值至目标网格系中;

⑤复制元数据至目标网格系下的新数据中。

其中③为最重要的一步。如果用户已有对应的插值权重文件,则可跳过步骤①—③。

函数 ESMF_regrid 中的参数 opt 虽然可以设置为 False,即采用默认的插值方法,但通常情况下,用户需要将其设为 True,并通过设置其属性以对插值过程进行控制。为便于读者使用,现列出 opt 一些主要的属性如下。

(1)SrcFileName(默认值为"source_grid_file.nc")。该属性为源网格的描述文件,该文件会自动创建。切不可设置为用户的数据文件。

(2)DstFileName(默认值为"destination_grid_file.nc")。该属性为目标网格的描述文件,该文件自动创建。

(3)WgtFileName(默认值为"weights_file.nc")。插值权重 NetCDF 文件,该文件自动创建。

(4)SkipSrcGrid(默认值为 False)。若为 True,则表明源网格描述文件已存在。

(5)SkipDstGrid(默认值为 False)。若为 True,则表明目标网格描述文件已存在。

(6)SkipWgtGen(默认值为 False)。若为 True,则表明权重文件已存在。

(7)SrcOverwrite 和 DstOverwrite(默认值为 False)。若为 True,则当对应的网格描述文件已存在,用户将会被提醒是否删除它们。

(8)SrcForceOverwrite 和 DstForceOverwrite(默认值为 False)。若为 True,则当对应的网格描述文件已存在时,强制覆盖重写。

(9)SrcGridLon/SrcGridLat(默认是采用输入变量的信息)。该属性定义源网格的经纬度数组。如果未设置该属性,则函数将通过如下方式来决定源网格的经纬度数组:

①输入数据 data 的一维坐标变量数组;

②输入数据 data 的属性"lat2d"和"lon2d";

③输入数据 data 的属性"lat1d"和"lon1d"(这意味着数据为非结构网格)。

如果上述三个方式均未通过,则用户须指定这两个数组,否则会得到报错信息。

(10)DstGridLat/DstGridLon。该属性定义目标网格的经纬度数组。

(11)SrcGridCornerLat/SrcGridCornerLon。设定源网格的角格点,其数据通常为一个 N×4 的数组,N 代表格点中心经纬度数组的大小。假定格点中心的纬度和经度数组均为 256×220 数组,则角格点数组必须为 256×220×4。有时角格点与中心格点一起提供,通常名为"lat_vertices"/"lon_vertices"或者"lat_bounds"/"lon_ bounds"。

（12）DstGridCornerLat/DstGridCornerLon。设定目标网格的角格点，设定方法同 SrcGridCornerLat/SrcGridCornerLon。

（13）SrcGridMask 和 DstGridMask（在 6.2.1 前的 NCL 版本中其旧名称为 Src-Mask2D 和 DstMask2D，旧名称在新版本中仍可使用）。该属性应设为与对应网格的经纬度数组同大小的遮盖数组。将需要遮盖的区域设为 0，否则设为 1。在处理缺省值时，该设置十分有用。如果在不同高度层次或时次中遮盖数组的大小不同，则需要为每个高度层次或时次创建单独的插值权重文件。

（14）SrcNetCDFType/DstNetCDFType/WgtNetCDFType（默认值为"netcdf3"）。如果将该属性设为"netcdf4"，则强制源网格、目标网格和（或）权重文件采用 NetCDF-4 格式。如果创建的 NetCDF 文件大小超过 2G，则建议设为"netcdf4"。

（15）SrcGridType 和 DstGridType。设置源网格、目标网格的类型，主要有如下几种方式：

①"1×1"，"2×3"，"0.25×0.25"等；

②"1deg"，"0.25deg"，"0.25 deg"或"0.25"（表示"0.25deg"）等；

③"G64"，"G128"（高斯格点）。

如果属性 SkipDstGrid 设置为 True，则 DstGridType 需设定。

（16）SrcLLCorner 和 DstLLCorner（默认为[−90，−180]）。仅在设定 SrcGrid-Type 或 DstGridType 后使用，用以表明网格左下角格点位置。通常与 SrcURCorner 和 DstURCorner 同时设置。

（17）SrcURCorner 和 DstURCorner（默认为[90，180]）。仅在设定 SrcGridType 或 DstGridType 后使用，用以表明对应网格右上角格点。通常与 SrcLLCorner 和 DstLLCorner 同时设置。

（18）InterpMethod（默认设为"bilinear"）。该属性表明内插方法。除"bilinear"外，还有"patch"，"conserve"，"neareststod"和"nearestdtos"，共五种方法。

①"bilinear"为双线性插值方法。这是许多教科书中介绍的插值标准方法。每个目标网格被映射到源网格中的一个位置上，根据目标网格相对于其周围的源网格的位置计算内插权重。

②"patch"方法是一种称为"补丁恢复"技术的 ESMF 版本，常用于有限元建模。与双线性插值相比，它可产生更好的近似值和导数值。

③"conserve"方法通常比前两种方法具有更大的插值误差，但在源网格和目标网格之间的积分值偏差控制方面做得更好。

④"neareststod"和"nearestdtos"均为邻近插值方法。它主要将一个网格系中的一个点与另一网格系中的最近点相关联。如果两个点同等接近，则使用具有最小指

数的点(即在权重矩阵中具有最小下标索引的点)。有两种方法可用于创建插值权重。一是最近源至目标的方法("neareststod")。在该方法中,每个目标网格被映射到最接近的源网格。另一方法则是最近目标至源的方法("nearestdtos")。在该方法中,每个源网格被映射到最接近的目标网格。须注意的是,第二种方法中不检测未映射的目标网格,因此即使目标网格未映射到任何源网格,也不会返回任何错误。

(19)SrcRegional(默认值为 False)。默认情况下,逻辑上为矩形的网格会被认为是周期性的网格。这意味着它会连接数据最右边的经度维的两个端点以形成球体,并允许在极点附近外插。如果此属性设置为 True,则假定源网格不具有周期性连接,仅被视为球体上的一个局部区域。

(20)DstRegional (默认值为 False)。同 SrcRegional 属性,但对目标网格进行设定。

(21)SrcESMF (默认值为 False)。若为 True,则表明源数据文件采用了 ESMF 的非结构网格。如果未指定 ESMF 的非结构网格格式,则认为源文件采用了 SCRIP 格式。

(22)DstESMF (默认值为 False)。同 SrcESMF,但对目标网格进行设定。

以下各节将给出用函数 ESMF_regrid 进行网格转换的示例,更多信息可参考 NCL 官网：http://www.ncl.ucar.edu/Applications/ESMF.shtml。

6.2　曲线网格转换成等经纬度网格

采用双线性插值将曲线网格上的数据插值到 1°×1°等经纬度网格上(图 6.2),以下为 NUG_regrid_curvilinear_to_rectilinear_bilinear_weights_ESMF.ncl 代码片段。

```
load "$NCARG_ROOT/lib/ncarg/nclscripts/esmf/ESMF_regridding.
    ncl" ;必须加载的库函数文件

begin
  diri = "./"
  fili = "thetao_curvilinear_ocean.nc"
```

```
;--读数据
  sfile                = addfile(diri+fili,"r")
  thetao               = sfile->thetao(0,0,:,:)
  thetao@lat2d         = sfile->lat
  thetao@lon2d         = sfile->lon


;--设置参数
  Opt                  =    True
  Opt@InterpMethod     = "bilinear"               ;插值方法
  Opt@SrcFileName      = "CMIP5_SCRIP_bilinear. nc";源文件名
  Opt@DstFileName      = "World1deg_SCRIP_bilinear. nc"  ;目标文
      件名
  Opt@WgtFileName      = "CMIP5toWORLD_1x1_bilinear. nc";创建
      的权重文件名
  Opt@ForceOverwrite   = True                     ;强制覆盖重写
  Opt@SrcMask2D        = where(. not. ismissing(thetao),1,0);指定遮
      盖的部分。可参考 8.1 节
  Opt@DstGridType      = "1x1"                     ;目标数据格点类型
  Opt@DstTitle         = "World Grid 1x1-degree Resolution bilinear";
      目标数据的标题
  Opt@DstLLCorner      = (/-89.75d, 0.00d /);目标数据的左下角点
      的纬度与经度位置
  Opt@DstURCorner      = (/ 89.75d, 359.75d /);目标数据的右上角
      点的纬度与经度位置

;--调用函数 ESMF_regrid 进行插值
  thetao_regrid = ESMF_regrid(thetao,Opt)

(创建 NetCDF 及绘图代码略)
```

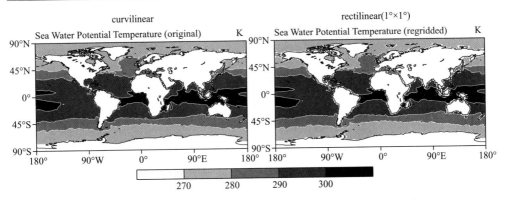

图 6.2　曲线网格（左）及插值至等经纬度网格（右）的海水位温图（单位：K）

6.3　曲线网格转换为指定文件中的等经纬度网格

曲线网格数据集（MPIOM）插值至 96×192 的等经纬度网格（ECHAM5），其中直线网格的坐标信息存放在 tas_rectilinear_grid_2D.nc 文件中（图 6.3）。以下为 NUG_regrid_curvilinear_to_rectilinear_bilinear_wgts_destgrid_ESMF.ncl 的代码片段。

```
load "$NCARG_ROOT/lib/ncarg/nclscripts/esmf/ESMF_regridding.
    ncl" ;必须加载的库函数文件

begin
    diri1         = "./"
    fili          = "thetao_curvilinear_ocean.nc"
    diri2         = "$NCARG_ROOT/lib/ncarg/data/nug/"
    grid          = "tas_rectilinear_grid_2D.nc"

;--读取目标网格数据
    g             = addfile(diri2+grid, "r")
    dst_lat       = g->lat
    dst_lon       = g->lon
```

```
;--读取数据
  sfile                    = addfile(diri1+fili, "r")
  thetao                   = sfile->thetao(0,0,:,:)
  thetao@lat2d             = sfile->lat
  thetao@lon2d             = sfile->lon


;--设置参数
  Opt =    True
  Opt@InterpMethod     = "bilinear"                        ;插值方法
  Opt@SrcFileName      = "CMIP5_SCRIP_bilinear. nc" ;源文件名
  Opt@DstFileName      = "World1deg_SCRIP_bilinear. nc";目标文件名
  Opt@WgtFileName      = "CMIP5toWORLD_192x96_bilinear. nc" ;将
      要创建的权重文件
  Opt@ForceOverwrite   = True                        ;强制覆盖重写
  Opt@SrcMask2D        = where(. not. ismissing(thetao),1,0) ;指定遮
      盖的部分(可参考 8.1 节)
  Opt@DstGridType      = "rectilinear"              ;目标数据格点类型
  Opt@DstTitle         = "World Grid 192x96 Resolution bilinear" ;目
      标数据标题
  Opt@DstGridLon       = dst_lon
  Opt@DstGridLat       = dst_lat


;--调用函数 ESMF_regrid
  thetao_regrid = ESMF_regrid(thetao,Opt)


(绘图代码略)
```

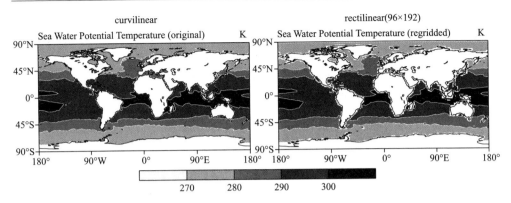

图 6.3　曲线网格(左)及插值至直线网格(右)的海水位温图(单位:K)

6.4　非结构网格转换成等经纬度网格

下例介绍将非结构三角形网格数据插值为 1°×1°的等经纬度网格数据(图 6.4)。以下为 NUG_regrid_unstructured_to_rectilinear_bilinear_wgts_ESMF. ncl 的代码片段。

```
load " $ NCARG _ ROOT/lib/ncarg/nclscripts/esmf/ESMF_ regridding.
   ncl" ;必须加载的库函数文件


begin
  rad2deg = 45./atan(1.)                          ;弧度转为度


  diri = " $ NCARG_ROOT/lib/ncarg/data/nug/"
  fili = "triangular_grid_ICON. nc"


;--读取数据
  f          = addfile(diri+fili,"r")
  var        = f->S(time|0,depth|0,ncells|:)


  x          = f->clon * rad2deg      ;网格中心经度
  y          = f->clat * rad2deg      ;网格中心纬度
```

```
x!0            = "lon"                  ;行列命名
y!0            = "lat"                  ;行列命名
x@units        = "degrees_east"        ;设置单位
y@units        = "degrees_north"       ;设置单位


;--设置参数
Opt                    = True
Opt@InterpMethod       = "bilinear"              ;插值方法
Opt@ForceOverwrite     = True                    ;强制覆盖重写


Opt@SrcFileName        = "CMIP5_SCRIP_bilinear.nc"    ;源文件名
Opt@SrcInputFileName   = diri+fili               ;可选,但推荐设置
Opt@SrcRegional        = False
Opt@SrcGridLat         = y
Opt@SrcGridLon         = x
Opt@WgtFileName        = "ICONtoWORLD_1x1_bilinear.nc" ;将创
    建的权重文件
Opt@DstFileName        = "World1deg_SCRIP_bilinear.nc" ;目标文
    件名
Opt@DstGridType        = "rectilinear"           ;目标数据网格
Opt@DstTitle           = "World Grid 1x1-degree Resolution biline-
    ar" ;目标数据标题
Opt@DstRegional        = False
Opt@DstGridLon         = fspan(-180.,180.,360)
Opt@DstGridLat         = fspan(-90.,90.,180)


;--调用函数 ESMF_regrid
var_regrid = ESMF_regrid(var,Opt)


(创建 NetCDF 文件及绘图代码略)
```

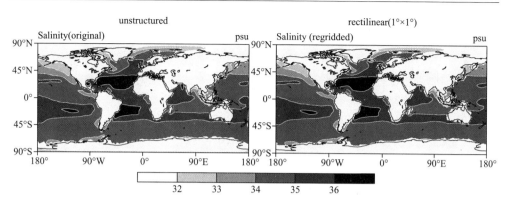

图 6.4　非结构网格(左)及插值至等经纬度网格(右)的盐度图(单位:psu)

6.5　非结构网格转换为指定文件中的等经纬度网格

下例将数据从非结构网格插值至 $1°\times1°$ 的等经纬度网格上,其中等经纬度网格的坐标信息存放在文件 tas_rectilinear_grid_2D.nc 中(图 6.5)。以下为 NUG_regrid_unstructured_to_rectilinear_bilinear_wgts_destgrid_ESMF.ncl 代码片段。

```
load " $ NCARG_ROOT/lib/ncarg/nclscripts/esmf/ESMF_regridding.
    ncl" ;必须加载的库函数文件

begin
  outputfile  = "regridded_rectilinear_bilinear_ICON_S_ESMF_destgrid.nc"

  rad2deg  = 45./atan(1.)                           ;弧度转为度

  diri = " $ NCARG_ROOT/lib/ncarg/data/nug/"
  fili = "triangular_grid_ICON.nc"
  grid = "tas_rectilinear_grid_2D.nc"

;--读取目标网格数据
  g  = addfile(diri+grid,"r")
```

```
dst_lat       = g->lat
dst_lon       = g->lon
```

;--读取数据
```
f             = addfile(diri+fili, "r")
var           = f->S(time|0,depth|0,ncells|:)

x             = f->clon * rad2deg     ;网格中心经度
y             = f->clat * rad2deg     ;网格中心纬度
x!0           = "lon"                 ;行列命名
y!0           = "lat"                 ;行列命名
x@units       = "degrees_east"        ;设置单位
y@units       = "degrees_north"       ;设置单位
```

;--设置参数
```
Opt                   = True
Opt@InterpMethod      = "bilinear"          ;插值方式
Opt@ForceOverwrite    = True                ;强制覆盖重写
Opt@SrcFileName       = "CMIP5_SCRIP_bilinear.nc" ;源文件名
Opt@SrcInputFileName  = diri+fili          ;可选,但推荐设置
Opt@SrcRegional       = False
Opt@SrcGridLat        = y
Opt@SrcGridLon        = x
Opt@WgtFileName       = "ICONtoWORLD_bilinear_192x96.nc" ;将创
    建的插值权重文件
Opt@DstFileName       = "World1deg_SCRIP_bilinear.nc" ;目标文件名
Opt@DstGridType       = "rectilinear"       ;目标数据网格
Opt@DstTitle          = "World Grid 1x1-degree Resolution biline-
    ar" ;目标数据标题
Opt@DstRegional       = False
Opt@DstGridLon        = dst_lon
Opt@DstGridLat        = dst_lat
```

```
;--调用函数 ESMF_regrid
  var_regrid = ESMF_regrid(var,Opt)


(绘图代码略)
```

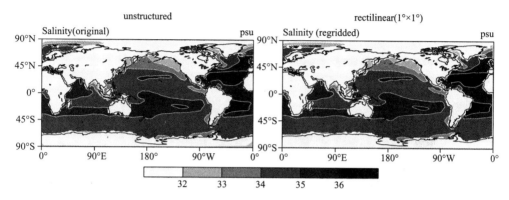

图 6.5　非结构网格（左）及插值至等经纬度网格（右）的盐度图（单位:psu）

6.6　直线网格转换为曲线网格

下例将直线网格数据插值至曲线网格,这两种网格坐标信息均从指定的 netCDF 文件中读取（图 6.6）。以下为 NUG_regrid_rectilinear_to_curvilinear_bilinear_wgts _destgrid_ESMF.ncl 代码片段。

```
load "$NCARG_ROOT/lib/ncarg/nclscripts/esmf/ESMF_regridding.
    ncl" ;必须加载的库函数文件
begin
;--读取数据
  diri     = "$NCARG_ROOT/lib/ncarg/data/nug/"
  fili     = "tas_rectilinear_grid_2D.nc"
  dird     = "$NCARG_ROOT/lib/ncarg/data/nug/"
  dstfili  = "thetao_curvilinear_ocean.nc"
```

```
f        = addfile(diri+fili,"r")
var      = f->tas(0,:,:)
```

;--读取目标网格数据
```
d        = addfile(dstfili,"r")
dst_lat  = d->lat
dst_lon  = d->lon
dvar     = d->thetao(0,0,:,:)
dims     = dimsizes(dst_lat)
nlat     = dims(0)
nlon     = dims(1)
```

;--命名输出文件
```
outputfile = "regridded_rectilinear_to_curvilinear_bilinear_wgts_dest-
    grid_ESMF_c. nc"
```

;--设置参数
```
Opt                = True
Opt@InterpMethod   = "bilinear"                  ;插值方法
Opt@SrcFileName    = "ECHAM5_SCRIP_bilinear. nc"  ;参数文件
    名称
Opt@DstFileName    = "WorldCurvilinear_SCRIP_bilinear. nc" ;目标
    文件名称
Opt@ WgtFileName   = " ECHAM5toWorldCurvilinear_ bilinear. nc"
    ;创建的权重文件
Opt@ForceOverwrite = True                        ;强制覆盖
Opt@DstMask2D      = where(ismissing(dvar),0,1) ;指定遮盖的部
    分(可参考 8.1 节)
Opt@DstGridType    = "curvilinear"               ;目标数据格点类型
Opt@DstTitle       = "World Grid Curvilinear Resolution bilinear"
    ;目标数据的标题
```

```
    Opt@DstGridLon    = dst_lon
    Opt@DstGridLat    = dst_lat


;--调用函数 ESMF_regrid 进行插值
    var_regrid = ESMF_regrid(var,Opt)


（创建 NetCDF 文件及绘图代码略）
```

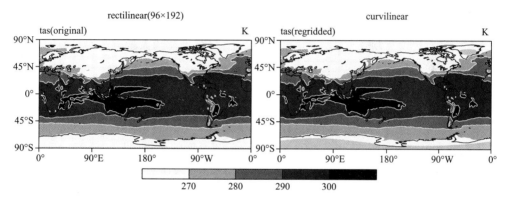

图 6.6　直线网格（左）及插值至曲线网格（右）的地面气温图（单位：K）

第 7 章　　绘图

　　本章将概述 NCL 一些最常见的图形类型的绘制方法,如折线图(XY plot)、等值线图(contour plot)、组图(panel)、图形叠加(overlay)、地图投影(projection),以及利用 shapefile 数据制图。

　　NCL 官网提供了大量的示例脚本,见 http://www.ncl.ucar.edu/Applications/。我们建议复制这些脚本,并在此基础上修改,可节约大量脚本编写时间。

7.1　.hluresfile 文件

　　.hluresfile 文件可设置 NCL 的绘图环境。NCL 在执行时会自动在用户的家目录下查找此文件。NCL 官网提供一个.hluresfile 设置的模板,见 http://www.ncl.ucar.edu/Document/Graphics/hluresfile。复制后,将其命名为".hluresfile"并放置于家目录下,运行 NCL 即可生效。大部分用户会对其内容进行修改。用户也可将此文件命名为其他名称并放置于任意目录下,但需设置环境变量 NCARG_USRRESFILE,其值为该文件的绝对路径(包括文件名本身)。

　　以下列出了.hluresfile 文件的常见设置。

```
! 黑色前景色/白色背景色
* wkForegroundColor        : (/0. , 0. , 0. /)
* wkBackgroundColor        : (/1. , 1. , 1. /)
! 默认色板（原为 ncl_default）
* wkColorMap               : rainbow
! 默认字体
* Font                     : Helvetica
! 文本函数码［原为冒号］
* TextFuncCode             : ~
! X11 窗口和 PNG 图形的大小
* wkWidth                  : 1500
* wkHeight                 : 1500
```

```
! 若需设置 X11 窗口的大小,则
! * windowWorkstationClass * wkWidth    : 1200
! * windowWorkstationClass * wkHeight   : 1200
! 若需设置 PNG 图形的像素尺寸(默认为 1024×1024)
! * imageWorkstationClass * wkWidth     : 1500
! * imageWorkstationClass * wkHeight    : 1500

! 等值线绘图的内存占用设置。默认是 16Mb,其数值对应 100000000。如
    果绘图所用数据的格点数大于 500×500,则可能需如下设置
* wsMaximumSize: 300000000
```

其中"!"为注释,"*"为变量名称,":"为变量的值。以上设置将得到图形背景色为白色和前景色为黑色、默认色板为 rainbow 和默认字体为 Helvetica。

7.2　NCL 绘图步骤

　　NCL 绘制图形通常需五个步骤,其中第二步和第五步为必须设置的步骤。

　　第一步,加载图形库文件 gsn_csm. ncl 和 gsn_code. ncl。这两个库文件包含了等值线、矢量、图例、标签等的绘制程序和绘制函数。其他库函数文件如 contributed. ncl 或 shea_util. ncl 则包含了计算平均、转换等其他功能的程序或函数。用户可根据需要复制并修改相应的程序或函数。注意,从 6.2.0 版本的 NCL 开始,gsn_code. ncl,gsn_csm. ncl,contributed. ncl,shea_util. ncl,bootstrap. ncl,extval. ncl 和 WRFUserARW. ncl 共七个库文件会被自动加载,不再需要用户手动加载。

　　第二步,设置输出图形的名称和格式。此步骤为必需步骤。

　　第三步,定义色板。若不设置,则采用默认色板。

　　第四步,修改绘图参数。若不设置,则全部采用默认的绘图参数。

　　第五步,调用绘图函数或程序。此步骤为必需步骤。绘制不同类型图形,须调用不同的绘图函数或程序。

　　以下为绘制等值线的示例脚本 NUG_plot_in_5_steps. ncl(图 7.1),从中可看出编写 NCL 脚本并不是难事。

```
load "$NCARG_ROOT/lib/ncarg/nclscripts/csm/gsn_code. ncl"    ; 第
    一步
load "$NCARG_ROOT/lib/ncarg/nclscripts/csm/gsn_csm. ncl"     ; 第一步
```

```
begin
  f = addfile(" $ NCARG _ ROOT/lib/ncarg/data/nug/rectilinear_grid_
    3D. nc"," r")
;--读取变量
  var = f->t(0,0,:,:)
;--第二步设置输出图形的类型和名称(必须)
  wks = gsn_open_wks("eps","NUG_plot_in_5_steps")
;--第三步定义绘图色板
  gsn_define_colormap(wks,"MPL_gist_yarg")
;--第四步设置绘图参数
  res                       = True
  res@pmTickMarkDisplayMode = "Always"   ;坐标轴标签上添加符
      号度
  res@cnFillOn              = False       ;不填充等值线
  res@cnLinesOn             = True        ;添加等值线
  res@tiMainString          = "NCL plot in 5 steps" ;标题
  res@tiMainFontHeightF     = 0.02        ;标题字体大小
;--第五步调用绘图函数(必须)
  plot = gsn_csm_contour_map(wks, var, res)
end
```

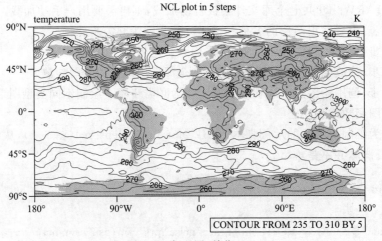

图 7.1　气温图(单位:K)

7.3　色板

　　NCL 提供了丰富的绘图色板,全部色板信息可参考 http://www.ncl.ucar.edu/Document/Graphics/color_table_gallery.shtml。除此之外,用户还可自定义色板或将其他绘图软件(如 GrADS)中的色板转换为 RGB(Red Green Blue)或 RGBA(Red Green Blue and Alpha)色板。须注意的是,从 6.1.0 版本开始,NCL 的默认色板已更换为"ncl_default"(若要更换,可参考 7.1 节将其更换为 rainbow 色板)。本书使用 6.4.0 版本 NCL,这可能导致本书中图形的颜色不同于用户的颜色。

7.3.1　色板

　　程序 gsn_define_colormap 可更换绘图色板。对于等值线的填色,还可通过绘图参数 cnFillPalette 来单独设置其色板,这也是 NCL 官网更为推荐的使用方法,因为这可为一页中不同的图形要素使用不同的色板。脚本 NUG_colormaps.ncl 展示了不同色板的绘制效果(图 7.2)。

```
begin
;--读取数据和定义变量
  file1 = addfile("../data/rectilinear_grid_2D.nc","r")
  var   = file1->tsurf(0,:,:)
;--输出图形类型和名称
  wks = gsn_open_wks("ps","NUG_colormaps")
;--设置绘图参数
  res                          = True
  res@pmTickMarkDisplayMode    = "Always"
  res@cnFillOn                 = True
;--1:设置填充颜色为"ncl_default"并绘制等值线图
  gsn_define_colormap(wks,"ncl_default")
  plot = gsn_csm_contour_map(wks, var, res)
;--2:改变填充颜色为"rainbow"并绘制等值线图
  gsn_define_colormap(wks,"rainbow")
  plot = gsn_csm_contour_map(wks, var, res)
;--3:改变填充颜色为"BlueRed"并绘制等值线图
  gsn_define_colormap(wks,"BlueRed")
  plot = gsn_csm_contour_map(wks, var, res)
```

```
;--4:色板参数设置由 gsn_define_colormap 改为 cnFillPalette
res@cnFillPalette = "OceanLakeLandSnow"
plot = gsn_csm_contour_map(wks, var, res)
;--5:只画色板
gsn_define_colormap(wks,"BlGrYeOrReVi200")
gsn_draw_colormap(wks)
end
```

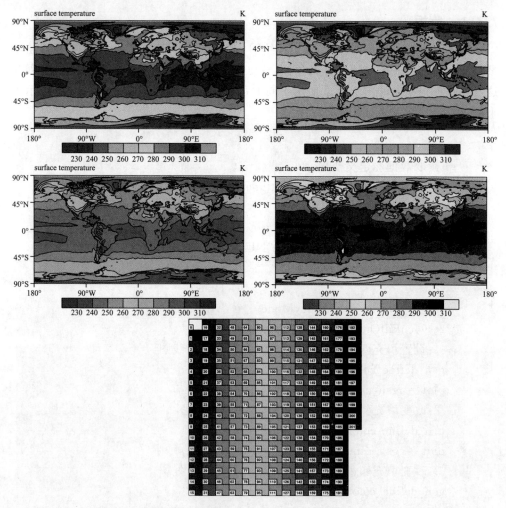

图 7.2　不同色板的绘图效果示意图,上左、上右、中左、中右、下图分别采用 ncl_default、rainbow、BlueRed、OceanLakeLandSnow 及 BlGrYeOrReVi200 色板(附彩图)

如果用户仅需使用某个色板中的部分颜色,而不是其所有颜色,则有两种方法。

方法一为在定义色板后,通过绘图参数 gsnSpreadColorStart 与 gsnSpreadColorEnd 设置采用的颜色范围:

```
gsn_define_colormap(wks,"ncl_default")
res@gsnSpreadColorStart = 14   ;色板 ncl_default 中序号为 14 的颜色
res@gsnSpreadColorEnd   = −8   ;色板 ncl_default 中倒数第 8 个颜色
```

方法二则通过函数 read_colormap_file 读取色板中所有颜色数值,并返回二维数组,再通过数组截取挑选颜色范围:

```
cmap = read_colormap_file("ncl_default") ;返回值 cmap 为二维数组,其
    左边维对应各个颜色,右边维的大小为 4,分别为各颜色的红色(R)、绿
    色(G)、蓝色(B)和不透明值
res@cnFillPalette = cmap(14:248,:) ;从 cmap 的第 14 至第 248 个颜色
    (从第 0 个颜色开始数)
```

7.3.2　颜色透明

NCL 支持颜色全部透明或部分透明。有三种方法可实现颜色透明。

方法一,每个 NCL 色板中均保留了一个透明色,因此可将颜色值设定为"transparent"或数值−1,例如,

```
plot = ColorNegDashZeroPosContour ( plot," blue "," transparent ",
    "red");即不显示图形 plot 中的 0 值等值线,正值等值线用红色实线,
    负值等值线用蓝色虚线
res@cnLineColorS = (/20,−1,40/);第二个数值的等值线的颜色设为
    透明
res@cnFillColorS = (/20,−1,40/);在第一个和第二个数值等值线之
    间用透明填色,即不填色
```

方法二,通过以 FillOpacityF 为结尾的绘图参数来设定不透明度,例如,

```
res@cnFillOpacityF      = 0.4   ；等值线填色 40% 不透明,即 60% 透明
res@gsFillOpacityF      = 0.4   ；多边形填色 60% 透明
res@gsLineOpacityF      = 0.4   ；任意折线 60% 透明
res@gsMarkerOpacityF    = 0.4   ；标识 60% 透明
res@stLineOpacityF      = 0.4   ；流线 60% 透明
res@txFontOpacityF      = 0.4   ；文本 60% 透明
res@vcGlyphOpacityF     = 0.4   ；矢量箭头 60% 透明
```

若将以上数值改为 1,则不透明,若为 0,则全部透明。

　　方法三,通过函数 read_colormap_file 返回色板所有的颜色值,修改其中的不透明度数值来设置透明效果,例如,修改"ncl_default"色板中的第 14 至第 15 个颜色设为透明,其余颜色不做修改,用修改后的色板填色等值线:

```
cmap = read_colormap_file("ncl_default") ；读取色板 ncl_default 中所有
    颜色值
cmap(14:15,3) = 0 ；右边维的数值 3 为不透明值,其数值范围均为[0,
    1.0],0 表示完全透明,1 表示不透明
res@cnFillPalette = cmap ；将修改后的色板用于等值线填充
```

该方法与第二种方法类似,它也可以将颜色部分透明,只需将 cmap(14:15,3) 设为小于 1 的数值即可,如设为 0.3,表示 70% 透明。

7.3.3　自定义色板

　　如果 NCL 提供的色板不能满足用户的需求,则用户可创建自己的色板,并将其放置在 NCL 可以加载的位置。

　　NCL 色板最多只能有 256 种颜色。前两种颜色分别是背景色和前景色。创建色板时,背景色和前景色将自动添加并分别设置为黑色和白色(除非用户在脚本或 .hluresfile 文件中的 wkForegroundColor 和 wkBackgroundColor 对此进行了更改)。

　　创建色板共有三个步骤。

　　(1)创建 RGB 三元组文件。RGB 三元组是从 0 到 255 的整数,数字越大表示该颜色的浓度越高。表 7.1 是部分 RGB 三元组及其相应颜色。

表 7.1　8 种颜色的 RGB 三元组(附彩图)

Red	Green	Blue	颜色	Red	Green	Blue	颜色
0	0	0		0	255	0	
255	255	255		0	0	255	
86	86	86		255	255	0	
255	0	0		255	128	65	

　　用户通过红/绿/蓝(RGB)三元组可生成各种颜色。但不必创建前景色和背景色,正如前文所述,NCL 会自动添加。通常 RGB 三元组文件后缀名为".rgb"。以下为简单示例 new.rgb 文件:

```
ncolors=8
♯ r g b
160   32   240
  0    0   180
 60   100  230
120   155  242
176   224  230
 46   139   87
100   225    0
210   255   47
```

　　该文件第一行中的 8 表示该文件所定义的颜色数。第二行为注释行,用以表明三元组数值的书写顺序。紧接着每行写一个 RGB 三元组,创建各个颜色。可见该文件共有 10 个颜色(包含了自动添加的前景色和背景色,图 7.3)。

　　(2)放至合适的位置上。与其他色板一致,将文件 new.rgb 放至目录 $ NCARG _ROOT/lib/ncarg/colormaps/下,以便让 NCL 自动加载该色板。

　　(3)测试。为测试是否已正确创建新色板,并且 NCL 可以调用它,请运行以下命令行:

```
wks = gsn_open_wks("png","test")
gsn_define_colormap(wks,"new") ; new 不必加上".rgb"或".gp"后缀名
gsn_draw_colormap(wks)
```

图 7.3　色板 new. rgb 所定义的颜色(附彩图)

更多色板的使用可参考官网 http：//www. ncl. ucar. edu/Document/Graphics/ color_table_gallery. shtml。

7.4　绘图参数

NCL 通过绘图参数(resources)修改图形要素。绘图参数是 NCL 绘图的核心部分,它以逻辑变量的属性形式出现。例如,

```
res                  = True           ;首先定义一个逻辑型变量
res@cnFillOn         = True
res@mpProjection     = "Mollweide"
res@vcRefMagnitudeF  = 2.
res@xyLineColors     = (/5,7/)
```

其中,cnFillOn、mpProjection、vcRefMagnitudeF、xyLineColors 均为绘图参数,它们均以逻辑变量 res 的属性形式出现。有两点注意事项:一是部分绘图参数的设定需要以其他绘图参数的设定为前提,如"cnFillColor"的设定必须先设定"cnFillOn"为 True 才能生效;二是绘图参数的值存在多种类型和形式,如"cnFillOn"为逻辑值,"mpProjection"为字符串,"vcRefMagnitudeF"为浮点型,"xyLineColors"为一维数组。

通常而言,绘图参数的名称较长,不易记忆。但绘图参数的命名遵循着一定的规则。首先,绘图参数通常以两个小写字母为开头,指示其对应的类型,如"cn"对应着等值线,"mp"对应着地图。表 7.2 列出所有 27 类绘图参数。特殊的是"gsn"类,它由三个小写字母构成,对应着 GSN 高级接口。其次,紧跟一个或多个英文单词,同时各个单词

的首字母大写,如"cnFillOn"中的"Fill"和"xyLineColors"中的"LineColors"。最后,有些绘图参数以字母"F"结尾,表明其值为浮点型,如"vcRefMagnitudeF"。

表 7.2 绘图参数分类

开头字母	对应的类型
am	注解管理(annotation manager)
app	App
ca	坐标数组(coordinate array)
cn	等值线(contour)
ct	坐标数组表(coordinate array table)
dc	数据通信(data comm)
err	报错(error)
gs	图形样式(graphic style)
gsn	GSN 高级接口(GSN high-level interfaces)
lb	色标(label bar)
lg	图例(legends)
mp	地图(maps)
pm	绘图管理(plot manager)
pr	任意折线、多边形和标识(primitives)
sf	标量场(scalar field)
sf	流线(streamline)
tf	变形(transform)
ti	图题(title)
tm	坐标刻度(tickmark)
tr	变形(transformation)
tx	文本(text)
vc	矢量(vector)
vf	矢量场(vector field)
vp	视图(view port)
wk	工作站标识符(workstation)
ws	工作站空间(workspace)
xy	折线(XY-plot)

为便于理解和调用,不同绘图要素的绘图参数可能有类似的形式,如"xyLineColor"、"cnLineColor"、"gsLineColor"、"mpGridLineColor"均表示设置线条的颜色,"tiMainFontHeightF"、"tmXBLabelFontHeightF"、"lbLabelFontHeightF"、"cnLineLabelFontHeightF"均表示设置字体的大小,"xyDashPattern"、"mpPerimLineDashPattern"、"lbBoxLineDashPattern"和"cnLineDashPattern"均表示设置线型。

由此可见,NCL 绘图参数的使用较为复杂。要想准确、迅速地编写绘图参数,读者须理解其名称的构成规则和使用注意事项,并借助文本编辑器(9.1 节)。通常而言,NCL 对大多数绘图参数设置了合理的默认值,不必每次绘图时设置所有的绘图参数。

全部绘图参数详见:http://www.ncl.ucar.edu/Document/Graphics/Resources/。下面将通过图示方式重点介绍 6 类常见图形要素的绘图参数。

7.4.1　视图(viewport)

视图是指 NCL 图形出现的区域,该区域在数值从 0.0 至 1.0 的单位坐标系 (NDC)中。通常而言,视图会以最佳纵横比出现,其左上角点为定位点。用户可通过绘图参数调整视图,如重置纵横比、移动其位置等。

如下代码片段使用了常用 vp 绘图参数并绘制出 NDC(图 7.4):

```
res@vpXF       = 0.1      ; 视图左上角点的 X 轴位置
res@vpYF       = 0.7      ; 视图左上角点的 Y 轴位置
res@vpHeightF  = 0.5      ; 视图的高度
res@vpWidthF   = 0.8      ; 视图的宽度
drawNDCGrid(wks)          ; 在图形上绘制单位坐标系,以方便检查文本
    是否绘制在正确的位置上
```

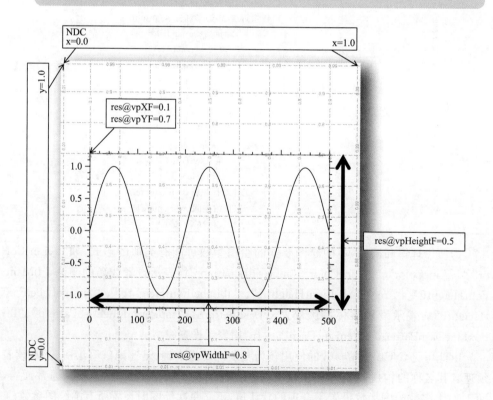

图 7.4　视图绘图参数及 NDC 坐标的示意图

须注意的是，如果图形中有地图，则 NCL 会根据其经纬度范围自动设定图形的纵横比。如果用户需要修改地图的纵横比，则设定 res@mpShapeMode ＝ "FreeAspect"，详见 7.4.4 节。

7.4.2　字符——文本函数码（function code）

本节将介绍利用文本函数码改变字体、绘制上标和下标字符、移动字符位置等功能。

首先，我们需要了解 NCL 读取字符串的工作原理。NCL 是从左向右扫描字符串中的每个字符。扫描总是处于两种状态中的一种状态：找到要绘制的字符或找到文本函数码。文本函数码的每一次出现都会切换 NCL 的扫描状态。

NCL 的文本函数码默认是以冒号（":"）为起止符，即以 ":" 为开始和结尾的字符段将被识别为文本函数码。读者也可将冒号修改为波浪号（"～"），这需要修改 .hluresfile文件中的 TextFuncCode（详见第 7.1 节）：

```
* TextFuncCode  : ～
```

文本函数码是以字符串的形式赋值至每一个文本绘图参数中，如 res@tiMainString＝"This is ～F122～ a main title"。这些绘图参数包括：

(1)主标题　　　　　-　tiMainString
(2)X/Y 轴名称　　　-　tiXAxisString，tiYAxisString
(3)等值线标签　　　-　cnLineLabelStrings
(4)折线标签　　　　-　xyLineLabel
(5)坐标刻度标签　-　tmYLLabels，tmXBLabels 等.
(6)色标标签　　　　-　lbLabelStrings
(7)文本字符串　　　-　txString

以下，介绍几种常见文本函数码。

(1) F 或 Fn，选择字体。如果 F 后无数字 n，则 F 表示使用绘图参数 txFont 所指定的字体，例如，res@txFont ＝ 25，即表示选择字体表（图 7.5）中编号为 25 的 times-roman 字体（图 7.6）。绘图参数 txFont 的默认值为 0，即 pwritx_database 字体（图 7.7）。如果 F 后有数字 n，如 F25，它表示选择字体表（图 7.5）中编号为 25 的 times-roman 字体，F0 表示选择 pwritx_database 字体（图 7.7）。字体表（图 7.5）中各种字体的具体内容可参考：http://www.ncl.ucar.edu/Document/Graphics/font_tables.shtml。

pwritx_database	abcdefg	0
default	abcdefg	1
cartographic_roman	abcdefg	2
cartographic_greek	abcdefg	3
simplex_roman	abcdefg	4
simplex_greek	αβχδεφγ	5
simplex_script	abcdefg	6
complex_roman	abcdefg	7
complex_greek	αβχδεφγ	8
complex_script	abcdefg	9
complex_italic	abcdefg	10
complex_cyrillic	абвгдеж	11
duplex_roman	abcdefg	12
triplex_roman	abcdefg	13
triplex_italic	abcdefg	14
gothic_german	abcdefg	15
gothic_english	abrdefg	16
gothic_italian	abrdefg	17
math_symbols	∪⊃∩←	18
symbol_set1		19
symbol_set2		20
helvetica	abcdefg	21
helvetica-bold	**abcdefg**	22
times-roman	abcdefg	25
times-bold	**abcdefg**	26
courier	abcdefg	29
courier-bold	**abcdefg**	30
greek	αβχδεφγ	33
math-symbols	⟨Σ∫⊕↑⇔∏	34
text-symbols	§»†‡®©™	35
weather1		36
weather2		37
o_helvetica	abcdefg	121
o_helvetica-bold	abcdefg	122
o_times-roman	abcdefg	125
o_times-bold	abcdefg	126
o_courier	**abcdefg**	129
o_courier-bold	abcdefg	130
o_greek	αβχδεφγ	133
o_math-symbols	⊗∉∝⋉∞	134
o_text-symbols	°®△♧☆‡»	135
o_weather1		136
o_weather2		137

图 7.5　字体表

（左列为字体名称，中列为字体样式简图，右列为字体对应的编号）

Font 25, times-roman

A	B	C	D	E	F	G	H	I	J
K	L	M	N	O	P	Q	R	S	T
U	V	W	X	Y	Z	a	b	c	d
e	f	g	h	i	j	k	l	m	n
o	p	q	r	s	t	u	v	w	x
y	z	1	2	3	4	5	6	7	8
9	0	-	=	\	`	!	@	#	$
%	^	&	*	(	)	–	+	|	~
[	]	{	}	;	,	:	"	'	.
/	<	>	?						

图 7.6　编号为 25 的 times-roman 字体

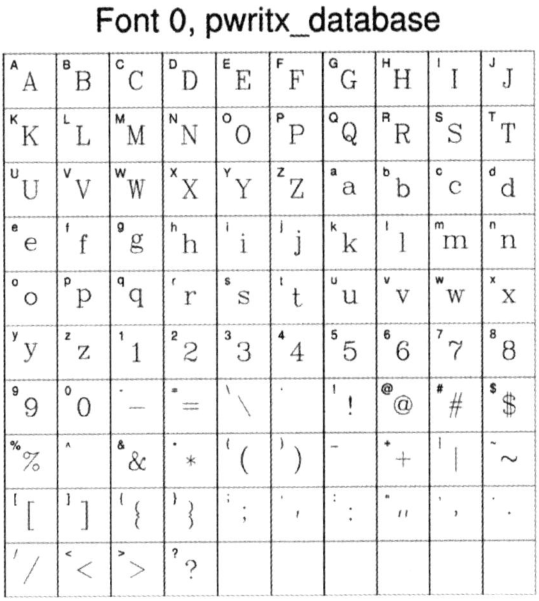

Font 0, pwritx_database

A	B	C	D	E	F	G	H	I	J
K	L	M	N	O	P	Q	R	S	T
U	V	W	X	Y	Z	a	b	c	d
e	f	g	h	i	j	k	l	m	n
o	p	q	r	s	t	u	v	w	x
y	z	1	2	3	4	5	6	7	8
9	0	-	=	\	`	!	@	#	$
%	^	&	*	(	)		+	|	~
[	]	{	}	;	,	:	"	'	.
/	<	>	?						

图 7.7　pwritx_database 字体

例如，"This is ～F122～ a main title"，如果未设定绘图参数 txFont，则"This is"使用默认的 pwritx_database 字体，而"a main title"使用 helvetica-bold 字体（图 7.8）。

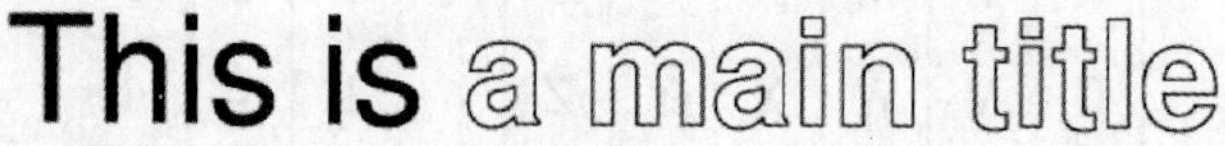

This is a main title

图 7.8　"This is ～F122～ a main title"的显示效果图

如果用户偏爱某字体，比如 times-roman 字体（图 7.6），并希望将其用在所有的文本绘制中，则可通过.hluresfile 文件（第 7.1 节）进行设定：

```
* Font   : times-roman
```

（2）C 表示回车另起一行。例如，用手动指定的方式指定 X 轴的各个标签：

```
res@tmXBMode   = "Explicit"
res@tmXBLabels = (/" Jan ～C～2000"," Feb ～C～2000", \
                   " Mar ～C～2000"," Apr ～C～2000", \
                   " May ～C～2000"," Jun ～C～2000", \
                   " Jul ～C～2000"," Aug ～C～2000", \
                   " Sep ～C～2000"," Oct ～C～2000", \
                   " Nov ～C～2000"," Dec ～C～2000", \
                   " Jan ～C～2001"/)
```

则其图形效果如图 7.9 所示，即年份在月份之下。

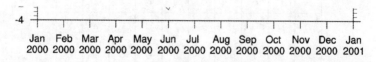

图 7.9　回车显示效果图

（3）U 或 Un 表示大写，L 或 Ln 表示小写。如果 U 之后紧跟着 n，则表示有 n 个字符将以大写字母形式绘制，其后的字符将以小写字母形式绘制。可见，该种用法特别适用于首字母需大写的字符串。若 U 后无 n，则仅首字母大写。同样，如果 L 之后紧跟 n，则表示 n 个字符将以小写字母形式绘制，其后的字符将以大写字母形式绘制。如"～U～THIS IS A MAIN TITLE"，则仅首字母大写（图 7.10）。

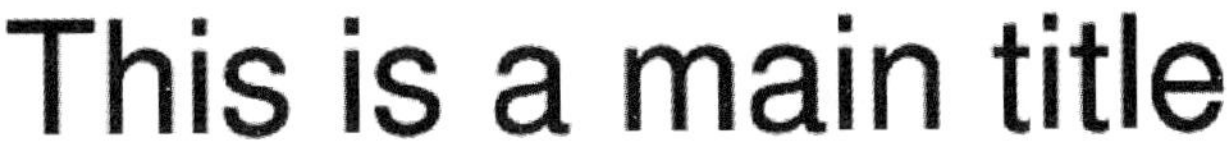

This is a main title

图 7.10 大小写示意图

（4）字符方向。"A"表示相邻字符左右相连，"D"或"Dn"表示相邻字符上下相连。如果"D"后未紧跟"n"，则字符将依序向下排列，直至出现文本函数码"A"；如果"D"后有"n"，则 n 个字符将依序向下排列，剩余字符将依序向右排列。例如"THIS IS A ～D～MAIN ～A～ TITLE"，则其中的 "MAIN" 四个字母将垂直排列，其余字母水平排列（图 7.11）。注意该字符串中"MAIN"后存在空格。实际上，该例的绘图效果等同于"THIS IS A ～D5～MAIN TITLE"。

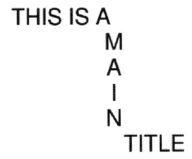

图 7.11　字符方向示意图

（5）上下标。S 或 Sn 表示上标，B 或 Bn 表示下标，E 表示结束上标或下标，N 表示返回正常状态。如果 S 或 B 后紧跟 n，则对应着 n 个字符将作为上标或下标字符绘制。E 与 N 均表示停止绘制上下标，但不同之处在于 E 表示上下标之后的字符从基字符（base character）处继续绘制，即从上下标字符开始的位置继续绘制，而 N 表示从上下标字符结束的位置继续绘制。

图 7.12 的右列给出了上下标字符的几种常见形式，左列则是对应的包含文本函数码的字符串。

（6）坐标位置。Hn 或 HnQ 表示水平移动，Vn 或 VnQ 表示垂直移动。Hn 或 HnQ 表示沿着 txAngleF 设定的文本角度移动的距离。Hn 表示移动 n 个数字单位，而 HnQ 表示移动 n 个空白宽度。n 可为负值，表示反方向移动。同理，Vn 或 VnQ 表示沿着文本角度 txAngleF＋90°移动的距离。

如"A～H-15V6F35～E"，其中"H-15V6"表示字符在水平方向左移动 15 个单位、向上移动 6 个单位，"F35～E"表示选择 35 号字体（text-symbols 字体，见图7.13）中编号为"E"所对应的字符，即"-"。可见，上述字符串表示在字母 A 上添加上划线，即"$\overline{\text{A}}$"。

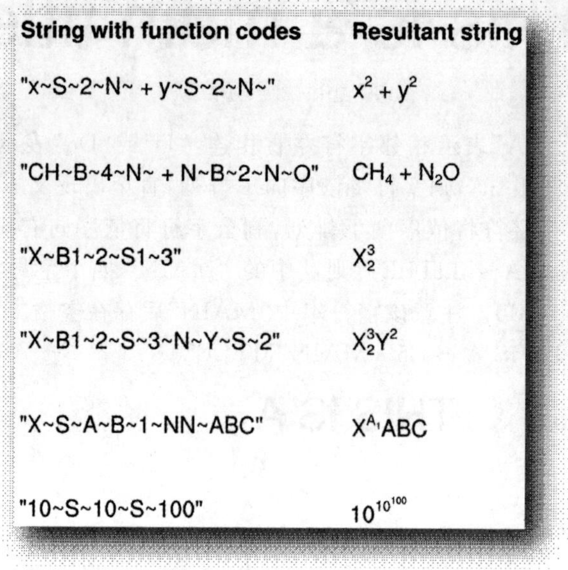

String with function codes	Resultant string
"x~S~2~N~ + y~S~2~N~"	$x^2 + y^2$
"CH~B~4~N~ + N~B~2~N~O"	$CH_4 + N_2O$
"X~B1~2~S1~3"	X_2^3
"X~B1~2~S~3~N~Y~S~2"	$X_2^3 Y^2$
"X~S~A~B~1~NN~ABC"	$X^{A_1}ABC$
"10~S~10~S~100"	$10^{10^{100}}$

图 7.12　不同形式上下标示意图

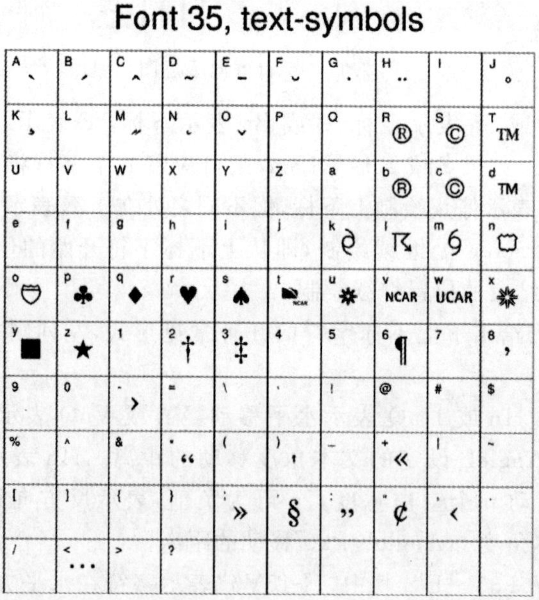

Font 35, text-symbols

图 7.13　编号为 35 的 text-symbols 字体

(7)放大缩小。Xn 或 XnQ 将字符的宽度调整至正常大小的 n％，Yn 或 YnQ 将字符的高度调整至正常大小的 n％，Zn 或 ZnQ 将字符等比整至正常大小的 n％。如"A ～ Z70～B ～Z40～C"，则"B"将以 70％的大小绘制，"C"以 40％的大小绘制(图 7.14)。

图 7.14　字体放大缩小示意图

7.4.3　图题及坐标轴名称(title)

以下代码片段使用 gsn 类和 ti 类绘图参数，绘制多个图题及坐标轴名称(图 7.15)。

```
;--gsn 中的图题设置
res@gsnLeftString            = "Left"
res@gsnCenterString          = "Center"
res@gsnRightString           = "Right"

;--设置主标题。这里采用 times-roman 字体,第二行字符 70％大小。
res@tiMainString             = "~F25~ Main title ~C~ ~Z70~ sec-
    ond line"
res@tiMainFontHeightF        = 0.03
res@tiMainOffsetYF           = -0.04          ;向上移动

;--设置 X/Y 坐标轴标签
res@tiXAxisString            = "Longitude"
res@tiXAxisSide              = "Bottom"       ;放至底部
res@tiXAxisFontHeightF       = 0.015          ;字体大小
res@tiXAxisOffsetYF          = 0.02           ;向上移动

res@tiYAxisString            = "Latitude"
res@tiYAxisSide              = "Right"        ;放至右侧
res@tiYAxisAngleF            = 270            ;旋转 270 度
res@tiYAxisFontHeightF       = 0.015          ;字体大小
res@tiYAxisOffsetXF          = -0.02          ;向左移动
```

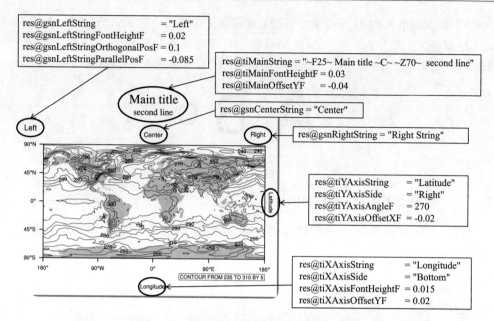

图 7.15   图题及坐标轴名称绘图参数的示意图

7.4.4   地图(map)

(1)地图的一般设置。默认情况下,NCL 用浅灰色填充陆地,不过用户可通过绘图参数 mpLandFillColor 改变其颜色,也可通过设置绘图参数 mpFillOn 为 False,关闭陆地填色。此外,绘图参数 mpOceanFillColor 和 mpInlandWaterFillColor 可改变陆地和内陆水的颜色。脚本 NUG_map_countries. ncl 使用 mp 类绘图参数绘制地图,以下为其代码片段(图 7.16)。

```
;--设定地图纵横比
res@mpShapeMode          = "FreeAspect"
res@vpHeightF            = 0.4
res@vpWidthF             = 0.7

res@mpCenterLonF         = 180          ;地图的中心经度
res@mpMaxLatF            = 90           ;地图最北纬度
res@mpMinLatF            = 0            ;地图最南纬度
```

res@mpFillOn   = True   ;填色地图(默认为 True)
res@mpOceanFillColor   = "lightblue" ;填色海洋的颜色
res@mpInlandWaterFillColor = "green"   ;填色内陆水体的颜色
res@mpLandFillColor   = "navajowhite1";填色陆地的颜色

res@mpOutlineOn   = True   ;绘制陆地边界线(默认
    为 False)
res@mpGeophysicalLineColor   = "red" ;海陆分界线的颜色
res@mpGeophysicalLineDashPattern   = 0   ;海陆分界线的线型(默
    认为 0)
res@mpGeophysicalLineThicknessF   = 0.5   ;海陆分界线的粗细

res@mpOutlineBoundarySets   = "National" ;绘制国界线(但中国国
    界线有误,请读者注意)
res@mpNationalLineColor   = "blue" ;国界线颜色
res@mpNationalLineThicknessF = 0.5   ;国界线粗细

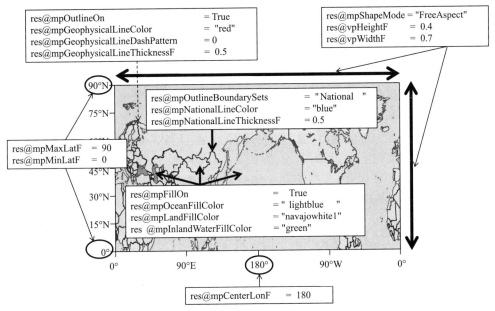

图 7.16　地图绘图参数示意图(附彩图)

　　上例仅绘制地图，如果用户须在此图形上叠加变量场，则可使用 gsn_csm_con-tour_map、gsn_csm_vector_map 等绘图函数。或通过图形叠加实现变量场的叠加，这可参考第 7.15 节。用户也可关闭 NCL 的地图绘制功能，转而从 Shapefile 文件中绘制特定的或更为准确的区域边界线，详见第 7.19 节或 7.20 节。

　　(2)地图分辨率及数据集。NCL 通过绘图参数 mpDataBaseVersion 调用不同分辨率地图数据库。该绘图参数的值有"LowRes"、"MediumRes"、"HighRes"及"Dynamic"，分别对应低分辨率、中分辨率、高分辨率地图数据库以及由 NCL 自动设定。其中，"LowRes"、"MediumRes"、"HighRes"也可用各自的别名替代："Ncarg4_0"、"Ncarg4_1"和"RANGS_GSHHS"。NCL 自带"LowRes"（低分辨率）和"MediumRes"（中分辨率）地图数据库，而"HighRes"（高分辨率）数据库须单独下载安装（http://www. ncl. ucar. edu/Document/Graphics/rangs. shtml）。

　　在 6.4.0 版本之前的 NCL 中，mpDataBaseVersion 的默认值为"Ncarg4_0"，即低分辨率，从 6.4.0 版本开始，默认值为"Dynamic"。

　　当 mpDataBaseVersion 设置为"HighRes"高分辨率地图数据库时，用户可通过绘图参数 mpDataResolution 进一步指定绘制地图时采用的分辨率：

```
res@mpDataBaseVersion = "HighRes"
res@mpDataResolution  = "<resolution>"
```

其中，"<resolution>"可为"Unspecified"（默认）、"Coarsest"、"Coarse"、"Medium"、"Fine"或"Finest"。若为"Unspecified"，则 NCL 会根据选择区域的比例和大小自动设置分辨率。对于较小比例尺的地图，将会选择较粗的分辨率；对于一个较大比例尺的地图则选择精细的分辨率。绘制全球地图时，不建议使用"HighRes"数据库数据，因为它会花费很长的时间，且可能产生不正确的图形。

　　须指出的是，（中等分辨率）地图数据库"Ncarg4_1"或"MediumRes"中的地图数据集"Earth..4"提供了中国、加拿大、墨西哥、澳大利亚、巴西、印度的州省边界以及美国的各州县边界。因此，若要绘制中国省界，须首先将 mpDataBaseVersion 设置为"Ncarg4_1"或"MediumRes"，再设置 mpDataSetName 为"Earth..4"。下例 NUG_map_selected_countries. ncl 将介绍如何绘制中国中东部部分省份、朝鲜和韩国的界线（图 7.17）（NCL 自带地图中的中国国界存在错误，完整的中国国界线的绘制请参考 7.20 节）。

```
begin
;--设定需绘制的区域为中国部分省、朝鲜和韩国
  fill_areas = (/"China：states","North Korea","South Korea"/)  ;第
    一个值若为"China：Jiangsu",则仅绘制江苏省;若为"China",则仅绘
    制中国国界而不绘制省界
  fill_colors = (/20,14,26/);三种灰色。如果调用含有彩色的色板,则
    还可写入颜色的名称,如(/"red","green","purple"/)

  outline_areas = fill_areas        ;绘制中国各省、朝鲜和韩国的边界线

  wks = gsn_open_wks("eps","NUG_map_selected_countries")
  gsn_define_colormap(wks,"Gsltod");调用灰度色板
  res  = True
  res@pmTickMarkDisplayMode= "Always"

  res@mpDataBaseVersion   = "MediumRes" ;中等分辨率地图数据库
  res@mpDataSetName       = "Earth..4"   ;该数据集中包含了中国
    省界
  res@mpMinLatF           = 30.0        ;地图的最南纬度
  res@mpMaxLatF           = 60.0        ;地图的最北纬度
  res@mpMinLonF           = 100.0       ;地图的最西经度
  res@mpMaxLonF           = 140.0       ;地图的最东经度

  res@mpFillOn            = True
  res@mpFillAreaSpecifiers = fill_areas   ;指定填色的地图区域
  res@mpSpecifiedFillColors= fill_colors  ;填充的颜色

  res@mpOutlineOn         = True
  res@mpOutlineSpecifiers = outline_areas ;指定绘制的边界名称

  map =gsn_csm_map(wks, res)
end
```

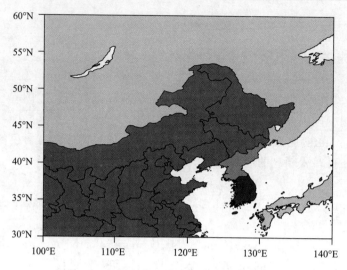

图 7.17　根据中等分辨率地图绘制的指定区域

（3）地图投影。绘制全球变量场时，通常有三种常见的投影方式，除默认的"Cy-lindricalEquidistant"（等距圆柱投影）外，还有"Mollweide"（莫尔韦德投影）和"Robinson"（罗宾森投影）。详细的地图投影方式可参考 http://www.ncl.ucar.edu/Document/Graphics/map_projections.shtml。脚本 NUG_projections.ncl 将首先介绍如何创建一个简单的莫尔韦德投影图（图 7.18）。

```
begin
  wks = gsn_open_wks("eps","NUG_projections_mollweide")
  res                    = True
  res@mpProjection       = "Mollweide"      ;改为莫尔韦德地图投影
    方式
  res@mpFillOn           = False
  res@mpGridAndLimbOn    = True             ;绘制经纬度线
  res@tiMainString       = "NCL Doc Example：Mollweide projection" ;
    标题
  res@tiMainFontHeightF  = 0.02             ;标题高度

  plot = gsn_csm_map(wks, var, res)
end
```

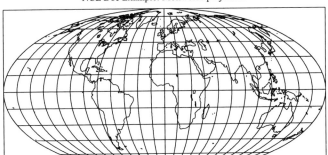

图 7.18　莫尔韦德投影

若将地图投影改为罗宾森投影（图 7.19），只需将 res@mpProjection 设置为
"Robinson"。

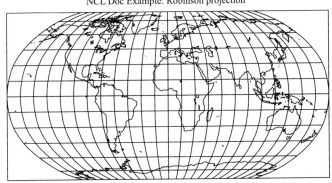

图 7.19　罗宾森投影

（4）极射赤面投影。极射赤面投影是一个较为特殊的投影方式，它不通过绘图参
数 mpProjection 设定，而是通过绘图参数 gsnPolar 及绘图函数 gsn_csm_contour_
map_polar 绘制。下例 NUG_polar_NH.ncl 给出一个简单的北半球极射赤面投影
图（图 7.20）。

```
begin
;--读取数据和定义变量
  f = addfile("../data/uwnd.mon.ltm.nc", "r")
  u = f->uwnd(0,{300},:,:)
```

```
;--输出图形的类型和名称
wks = gsn_open_wks("eps" ,"NUG_polar_NH")
gsn_define_colormap(wks,"MPL_Greys")
res                    = True
res@gsnPolar           = "NH"；北半球极射赤面投影,南半球则为"SH"
res@cnLabelMasking     = True   ；等值线标签遮盖等值线
res@tiMainString       = "NCL Doc Example：Polar Plot（NH）"
res@gsnTickMarksOn     = False
plot =gsn_csm_contour_map_polar(wks,u,res)
end
```

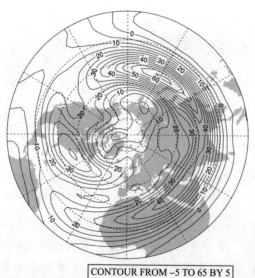

图 7.20　300 hPa 纬向风场的北半球极射赤面投影(单位:m/s)

注:res@gsnTickMarksOn = False 关闭经度标签。虽然默认值是绘制经度标签,但由于其经度单位没有"度"符号,即"°",达不到许多期刊出版社的发表要求。对此,为简便起见,该例关闭了经度标签。若需绘制标准的经度标签,可利用函数 gsn_add_text 以及文本函数码进行手动添加。

7.4.5　坐标刻度线及其标签(tickmark)

坐标刻度线及其标签的修改方法在地图图形和非地图图形中有所不同。通常通过形如"tmXXX"、"trXXX"和"gsnXXX"的绘图函数进行修改。以下代码片段给出了在非地图图形(图 7.21)中的修改方法。

```
;--设置 X 和 Y 轴的取值范围
res@trYMinF     = -1.5
res@trYMaxF     = 1.5
res@trXMinF     = 0
res@trXMaxF     = 360


;--关闭顶 X 轴和右 Y 轴
res@tmXTOn      = False
res@tmYROn      = False


;--底 X 轴的设定
res@tmXBMode    = "Explicit"    ;采用手动指定方式绘制坐标刻度线及
    标签
res@tmXBValues = (/0,90,180,270,360/)
res@tmXBLabels = (/"0","90~S~o~N~E", "180~S~o~N~",
    "90~S~o~N~W","360~S~o~N~"/)
res@tmXBMajorLengthF         = 0.02   ;设定主要刻度线的长度
res@tmXBMajorOutwardLengthF = 0.02    ;主要刻度线位于 X 轴以下
    的部分长度
res@tmXBLabelDeltaF          = -0.6 ;移动 X 轴主要坐标刻度标
签以使其向 X 轴靠近


;--由于 tmXBMode 设为 Explicit,此时 tmXBMinorPerMajor 无效,只能通
    过 tmXBMinorValue 设定
res@tmXBMinorValues          = (/45,135,225,315/)
res@tmXBMinorLengthF         = 0.015   ;设定次要刻度线的长度
res@tmXBMinorOutwardLengthF = 0.015   ;次要刻度线位于在 X 轴以
    下部分的长度


;--左 Y 轴的设定
res@tmYLMode                 = "Manual"
res@tmYLTickSpacingF         = 0.5          ;指定其数值间隔
```

res@tmYLMinorPerMajor　　＝ 4　　；指定次要刻度线数目

;--主网格线的设定
res@tmXMajorGrid　　　　　　　　　＝ True
res@tmXMajorGridThicknessF　　　　＝ 0.5
res@tmXMajorGridLineDashPattern　＝ 16　　　；线型为 16 的虚线

res@tmYMajorGrid　　　　　　　　　＝ True
res@tmYMajorGridThicknessF　　　　＝ 0.5
res@tmYMajorGridLineDashPattern　＝ 2　　　；线型为 2 的虚线

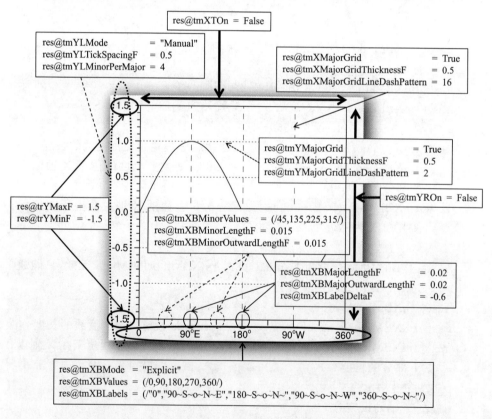

图 7.21　非地图的坐标刻度线及其标签绘图参数示意图

以下代码片段给出了地图图形(图 7.22)中的经纬度线及其标签的修改方法。

```
;--纬度线设定
res@gsnMajorLatSpacing        = 30        ;主要纬度刻度线的间隔
res@tmYLLabelStride           = 3         ;在每第 3 个主要纬度刻度线
    上绘制其标签
res@tmYLLabelFontHeightF       = 0.02      ;主要纬度刻度线标签字体的
    大小
res@tmYLLabelDeltaF            = -0.6      ;移动主要纬度刻度线标签以
    使其向 Y 轴靠近


;--经度线设定
res@gsnMajorLonSpacing        = 45        ;主要经度刻度线的间隔
res@gsnMinorLonSpacing        = 15        ;次要经度刻度线的间隔
res@tmXBLabelStride           = 2         ;在每第 2 个主要经度刻度线
    上绘制其标签
res@tmXBLabelDeltaF           = -0.6      ;移动主要经度刻度标签以使
    其向 X 轴靠近


;--格点线设定
res@mpGridAndLimbOn           = True      ;绘制格点线
res@mpGridLatSpacingF         = 45        ;纬度线间隔
res@mpGridLonSpacingF         = 60        ;经度线间隔
res@mpGridLineColor           = "black"   ;经纬度线颜色
res@mpGridLineDashPattern     = 16        ;经纬度线线型
res@mpGridLineThicknessF      = 1.5       ;经纬度线粗细
```

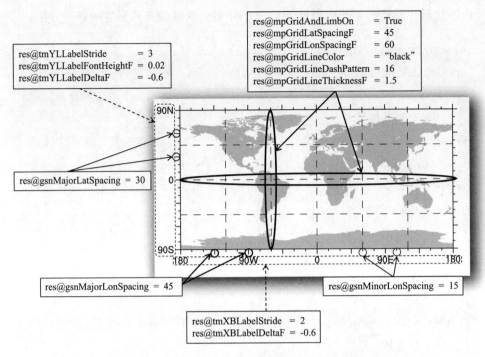

图 7.22   地图上的坐标刻度线及其标签绘图参数示意图

7.4.6   色标（labelbar）

    在填色图中，NCL 会自动在图形正下方添加色标（图 7.23），用以表示填色的数值范围。用户可改变色标的宽度、高度、位置、颜色和标签的字体等。由于 NCL 不会自动绘制色标的名称，这需要用户手动添加。以下为代码片段示例。

```
;--色标设定
res@lbOrientation                = "horizontal"    ;可改为"vertical"
res@lbLabelFontHeightF           = 0.02            ;标签字体大小
res@lbLabelFontColor             = "black"         ;标签字体颜色
res@pmLabelBarOrthogonalPosF     = 0.15            ;垂直移动色标
res@pmLabelBarWidthF             = 0.8             ;增加色标宽度
res@pmLabelBarHeightF            = 0.06            ;减小色标高度
```

res@lbBoxLinesOn　　　　　　　　= True　　　　　;绘制色标方框的边线
res@lbBoxLineThicknessF　　　= 0.2　　　　　;色标方框边线的粗细

;--色标名称设定

res@lbTitleOn　　　　　　　　= True

res@lbTitleString　　　　　= "m~S~2~N~/s~S~2~N~";输出显示
　　　　为"m^2/s^2"

res@lbTitleFontColor　　　= "black"　　　;字体颜色

res@lbTitleDirection　　　= "Across"　　　;默认选项,另一选项为 Down

res@lbTitleFontHeightF = 0.02　　　;字体大小

res@lbTitleOffsetF　　　　= 0.2　　　;移动位置

res@lbTitlePosition　　　= "Bottom"　　;其余几个选项为 Top,Bottom,
　　　　Left 和 Right

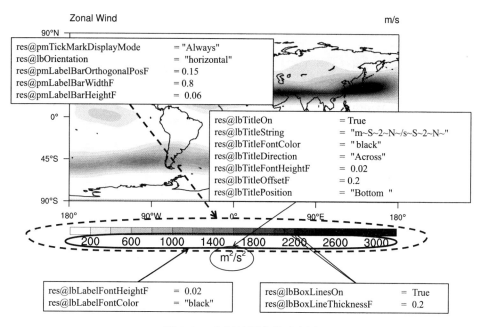

图 7.23　色标绘图参数示意图

7.5 程序 draw 和 frame

通常而言,NCL 的内置绘图函数在绘图结束时会默认进行翻页(advance the frame or page),为在下一页中继续绘图做好准备。因此,若用户采用默认设置连续 n 次调用绘图函数,则产生的文件将有 n 页图形。PDF 和 ps 格式文件支持多页图形显示。如果用户需要在同一页面中绘制多幅图形,则须关闭翻页,即将绘图参数 "gsnFrame"设置为 False,最终通过程序"frame"翻页完成图形文件的创建。下例给出了在一页中绘制两幅图(图 7.24)。

```
begin
  y1   = sin(0.1256 * ispan(0,100,1))
  y2   = cos(0.0628 * ispan(0,100,1))

  wks = gsn_open_wks("ps", "frame")

  res              = True
  res@gsnFrame     = False            ; 暂不翻页

  res@vpWidthF     = 0.4
  res@vpHeightF    = 0.4

;--第一幅图靠左
  res@vpXF         = 0.08
  plot = gsn_csm_y(wks,y1,res)
;--第二幅图靠右
  res@vpXF         = 0.57
  plot = gsn_csm_y(wks,y2,res)

  frame(wks)                          ; 翻页
end
```

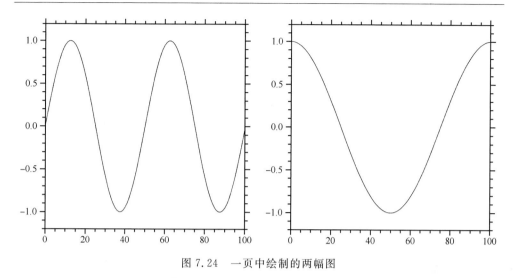

图 7.24　一页中绘制的两幅图

上例中如果设定 res@gsnFrame＝True,则图 7.24 中两幅图将分别存在于 frame.ps 文件中的两个独立页面中。

NCL 内置绘图函数在创建图形后,可能需要进一步修改或添加更多的图形元素,这需要在创建图形时关闭绘图参数 gsnDraw,等所有图形元素全部创建完毕后,再调用程序 draw 以绘制出所有图形元素。下例给出了在创建折线图后继续添加文本(图 7.25)。

```
begin
  x= ispan(0,100,1)
  y= sin(0.1256 * x)

  wks = gsn_open_wks("eps", "draw")

  res                = True
  res@gsnDraw        = False      ;暂不绘制
  res@gsnFrame       = False      ;暂不翻页
  xy = gsn_csm_xy(wks,x,y,res)
```

```
;--添加文本
  txres                 = True
  txres@txFont          = 22
  txres@txFontHeightF   = 0.03
  gsn_text_ndc(wks,"This is a string",0.5,0.5,txres)

  draw(xy)                              ;绘制
  frame(wks)                            ;翻页
end
```

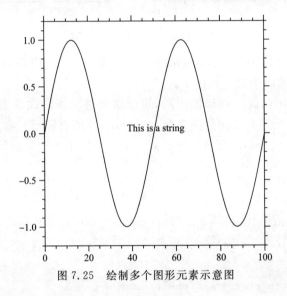

图 7.25　绘制多个图形元素示意图

7.6　添加文本(text)

NCL 默认是以文本的中心位置作为定位点。读者也可通过修改以"Just"为结尾的绘图函数(如 lbLabelJust、txJust、tiMainJust、tmXBLabelJust 等)来调整不同类型文本的定位点。图 7.26 给出了全部 9 个定位点的名称。

在图形中添加文本有两种方式。一是调用函数 gsn_add_text,二是调用程序 gsn_text_ndc。两者的不同之处在于,函数 gsn_add_text 是在视图或图形的坐标轴范围内添加文本;程序 gsn_text_ndc 可在整个绘图页面中(单位坐标系)的任意位置上添加文本。可见,若要在图形的坐标轴之外绘制文本,只能通过调用程序 gsn_text_ndc 实现。

图 7.26　文本定位点示意图

例如,利用函数 gsn_add_text 在[75°E,60°N]位置上绘制文本"Eurasia",同时利用程序 gsn_text_ndc 在页面[0.5,0.9]的位置上绘制文本"Global T"。请注意,这两种方式是在不同的坐标系下添加文本,前者为经纬度坐标系,后者为单位坐标系(图7.27)。以下为代码片段。

```
;--方式一,利用函数 gsn_add_text 在[75°E,60°N]位置绘制字符串"Eurasia"
ts                   = True
ts@txAngleF          = 90            ;旋转 90 度
ts@txFontColor       = "black"       ;黑色
ts@txFontHeightF     = 0.03          ;字体大小
ts@txFontThicknessF  = 2.            ;字体 2 倍粗细
ts@txBackgroundFillColor = "white"   ;字符框的填充颜色,默认值是透明
text = gsn_add_text(wks,plot,"Eurasia",75,60,ts)  ;在[75°E,60°N]位置绘制
    字符串"Eurasia"。其中 plot 为已创建完成图形
```

;--方式二,利用程序 gsn_text_ndc 在页面[0.5,0.9]的位置上绘制字符串
    "Global T"
ts_ndc   = True
ts_ndc@txJust   = "CenterLeft" ;以字符的左中点为定位
    点,即该点的位置为[0.5,0.9]
ts_ndc@txPerimOn   = True   ;绘制字符边框线
ts_ndc@txPerimColor   = "black"   ;字符边框线的颜色
ts_ndc@txPerimThicknessF   = 2.0   ;字符边框线的粗细
ts_ndc@txBackgroundFillColor = "gray" ;字符框的填充颜色,默认值是
    透明
gsn_text_ndc(wks,"Global T",.5,.9,ts_ndc) ;在页面[0.5,0.9]的位置
    上绘制字符串"Global T"

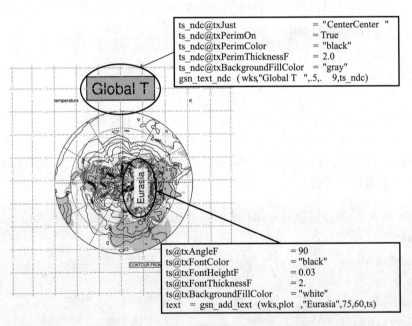

图 7.27   两种方式添加文本的示意图

7.7 多边形(polygon)、任意折线(polyline)和标识 (polymarker)

gs 类绘图参数可控制多边形、任意折线和标识的绘制方式。与 7.6 节添加文本一致，在绘制这类图形元素时也有两种方法：一是调用绘图函数 gsn_add_polygon、gsn_add_polyline 和 gsn_add_polymarker，它将在图形的坐标轴范围内绘制；二是调用绘图程序 gsn_polygon_ndc、gsn_polyline_ndc 和 gsn_polymarker_ndc，它将在整个绘图页面中(单位坐标系)的任意位置上绘制，即它们可以在图形的坐标轴范围之外绘制。

下例给出 2016 年 1 号台风"尼伯特"的演变路径图(图 7.28)，资料来自于 tcdata.typhoon.org.cn(Ying et al, 2014)。图中折线即该台风在 2016 年 7 月 2 日 12 时至 7 月 10 日 00 时的演变路径，其上的星号表示每 12 小时的气旋中心位置，图形下方给出了气旋强度等级。此外，图中还叠加了两个多边形，一个用 gsn_polygon_ndc 绘制了该气旋在第 22 个时次(2016 年 7 月 10 日 00 时)的大致风圈范围，另一多边形则用 gsn_add_polygon 根据经纬度绘制了一个示意框。以下为 plot-primitive.ncl 代码。

```
begin
  ncol  = 6
  nrow  = 31   ；时次总数

  ；(1)读入台风资料
  path = "../data/NEPARTAK.txt"
  data = asciiread(path,(/31,6/),"integer")

  amp = data(:,1)        ；强度
  lat  = data(:,2)/10.   ；纬度
  lon  = data(:,3)/10.   ；经度

  nbin = 6               ；已知该气旋共经历了 6 个等级的演变
```

```
wks = gsn_open_wks("eps","plot-primitive")
gsn_define_colormap(wks, "rainbow")
cmap    = read_colormap_file("rainbow")    ;读取色板中的颜色
ncol    = dimsizes(cmap(:,0))              ;色板的颜色总数


res               = True
res@gsnFrame      = False
res@gsnDraw       = False

res@mpMinLatF     = 5
res@mpMaxLatF     = 35
res@mpMinLonF     = 110
res@mpMaxLonF     = 150
res@mpOutlineOn   = True
res@pmTickMarkDisplayMode = "Always"


map = gsn_csm_map(wks,res)

;--添加任意折线,表示台风路径
lnres                    = True
lnres@gsLineColor        = "black"
lnres@gsLineThicknessF   = 1.5
lnres@gsLineDashPattern  = 0   ;实线,见附录图 A.1
str = unique_string("string")
map@ $ str $ = gsn_add_polyline(wks,map,lon,lat,lnres)

;--添加标识,表示每个时次的台风中心位置
mkres                    = True
mkres@gsMarkerSizeF      = 0.01   ;大小,在 0~1 范围内设置
mkres@gsMarkerIndex      = 3      ;标识的形状,见附录图 A.3
mkres@gsMarkerThicknessF = 1.5
```

```
do i = 0,nrow-1
    mkres@gsMarkerColor = toint(floor(ncol/nbin * amp(i)-1))    ;在
        整个色板中准等距离的挑选颜色
    str = unique_string("string")
    map@ $ str $ = gsn_add_polymarker(wks,map,lon(i),lat(i),mkres)
end do


;--在图形正下方添加图例表明台风等级
x_ndc = (/0.25,0.35,0.45,0.55,0.65,0.75/)
y_ndc = (/0.14,0.14,0.14,0.14,0.14,0.14/)
t_ndc = tostring(ispan(1,6,1))    ;假定已知等级为 1,2,…,6


mkres@gsMarkerSizeF        = 0.01   ;标识的大小,在 0~1 范围内设置
mkres@gsMarkerThicknessF = 1.5    ;标识的粗细


do i = 0,5            ;绘制每个等级的图例,它由标识和文本构成
    mkres@gsMarkerColor = toint(floor(ncol/nbin * (i+1)-1))
    gsn_polymarker_ndc(wks,x_ndc(i),y_ndc(i),mkres)
    gsn_text_ndc(wks,t_ndc(i),x_ndc(i)+0.02,y_ndc(i),txres)  ;将文
        本向右边移动
end do


;--以下绘制第 22 时次该气旋的大致风圈范围:以其中心为圆心,以 0.05
    长度为半径的圆形区域
xout_ndc = lon
yout_ndc = lat
datatondc(map,lon,lat,xout_ndc,yout_ndc);将经纬度数值转换为单位
    坐标系中的坐标值
```

```
  degrad        = 0.017453292519943          ; 3.1415926/180
  degrees       = ispan(0,360,1)             ; 创建 361 点
  xcos          = cos(degrad * degrees)      ; 各个角度的余弦值
  xsin          = sin(degrad * degrees)      ; 各个角度的正弦值
;--圆心点位置及半径
  xcenter       = xout_ndc(21)               ; 第 22 时次中心所在的 x 位置
  ycenter       = yout_ndc(21)               ; 第 22 时次中心所在的 y 位置
  radius        = 0.05
;--计算出各个点在单位坐标系中的坐标位置
  xc            = xcenter + (radius * xcos)
  yc            = ycenter + (radius * xsin)
;--设置多边形的绘图参数
  lnres                      = True
  lnres@gsFillColor          = 46
  lnres@gsFillOpacityF       = 0.5       ; 50%透明
  lnres@gsFillLineThicknessF = 2.        ; 多边形边框粗细
  gsn_polygon_ndc(wks,xc,yc,lnres)


;--在整个绘图页面中(单位坐标系)的任意位置上绘制多边形
  x_lonlat = 120
  y_lonlat = 10
  box_lon = (/x_lonlat-5,x_lonlat+5,x_lonlat+5,x_lonlat-5,
    x_lonlat-5/)
  box_lat = (/y_lonlat+3,y_lonlat+3,y_lonlat-3,y_lonlat-3,
    y_lonlat+3/)
  gonres                = True
  gonres@gsFillIndex    = 3        ; 用形状填充,默认值是 0 表示颜色填充
  gonres@gsFillColor    = "red"
  dum = gsn_add_polygon(wks,map,box_lon,box_lat,gonres)


  draw(map)
  frame(wks)
end
```

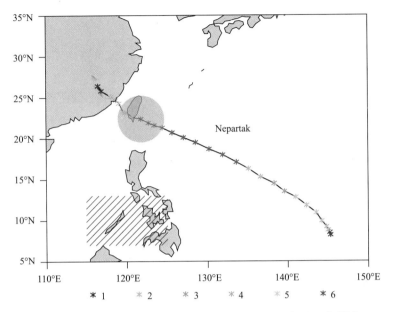

图 7.28　台风"尼伯特"最佳路径及其风圈范围(蓝色圈)(附彩图)

(注:图中给出的边界为海岸线及岛屿轮廓)

7.8　折线图(XY)和图例(legend)

折线图中的折线可设置成不同类型、线型、颜色或粗细。图例则指明图中每根折线所对应的变量名称。当折线图中存在多根折线时,通常需要给出图例。图例通常通过形如"pmLegendXXX"和"lgXXX"的绘图函数进行修改。以下各节给出各种常见折线图形的代码脚本和对应图形。线型的样式可参考附录图 A.1,标识类型可参考附录图 A.3。

7.8.1　多根折线及图例

plot_xy_lg. ncl(图 7.29):

```
begin
;--创建一个二维的数组
  z2d = generate_2d_array(15,15,-100.,110.,0,(/3,38/))  ; 4X38
    的二维数组
  year = 1979+ispan(1,38,1)  ; 作为 X 轴
```

```
;--折线的颜色及其名称
  colors = (/"black", "black", "black"/)     ; 也可指定不同颜色,如 (/"
    red", "green", "blue", "orange"/)
  labels = (/"No. 1", "No. 2", "No. 3"/)        ; 每根折线所对应的变量名称


;--输出的图形名称和类型
  wks = gsn_open_wks("eps","xy_lg")


;--设置绘图参数
  res                      = True
  res@trYMinF              = −180           ; Y 轴上最小的数值


;--坐标轴名称
  res@tiXAxisString        =    "year"
  res@tiYAxisString        =    "anomalies"


;--折线用不同类型、颜色、线型和粗细表示
  res@xyMarkLineModes      = (/"MarkLines","Markers","Lines"/) ; 设
    定折线的类型,如果都是"Markers",则用标识表示折线
  res@xyMarkers            = (/9,7,5/)  ; 设定折线上标识的类型
  res@xyMarkerSizeF        = 0.01          ; 设定折线上标识的大小
  res@xyLineColors         = colors       ; 折线颜色
  res@xyDashPatterns       = (/0,1,3/)    ; 折线线型
  res@xyLineThicknesses    = (/1,2,4/)    ; 折线粗细,若将所有折线设成
    2 倍粗细,则 res@xyLineThicknessF=2. 0


;--添加辅助线
  res@gsnYRefLine              = 0       ; 绘制 y=0 的参考线
  res@gsnYRefLineDashPattern   = 0       ; 设定其线型
  res@gsnYRefLineThicknessF    = 0.5     ; 设定其粗细
  res@gsnYRefLineColor         = "black"
```

```
;--图例
res@pmLegendDisplayMode      = "Always"   ; 绘制图例
res@pmLegendWidthF           = 0.2        ; 图例宽度
res@pmLegendHeightF          = 0.12       ; 图例高度
res@pmLegendOrthogonalPosF   = -0.38      ; 向上移动图例
res@pmLegendParallelPosF     = 0.83       ; 向右移动图例

res@xyExplicitLegendLabels   = labels     ; 图例中每根折线的名称
res@lgLabelFontHeightF       = 0.015      ; 每根折线名称的字体大小
res@lgBoxMinorExtentF        = 0.3        ; 缩短图例中每根折线的长度
res@lgItemOrder              = (/2,1,0/)  ; 图例线条排列的顺序
plot = gsn_csm_xy(wks,year,z2d,res)
end
```

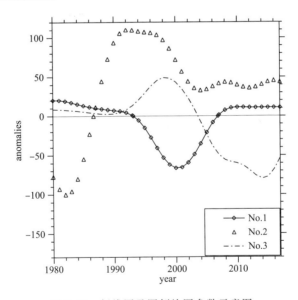

图 7.29　折线图及图例绘图参数示意图

7.8.2　倒置 Y 轴

NCL_xy_yrev.ncl(图 7.30)：

```
begin
  f    = addfile ("$NCARG_ROOT/lib/ncarg/data/nug/atmos.nc","r")
  u    = f->U
  wks = gsn_open_wks ("eps","xy_yrev")
  res                      = True
  res@tiMainString         = "Profile Plot"           ;标题
  res@trYReverse           = True                     ;倒置 Y 轴
  res@xyDashPatterns       = 15                        ;线型
  res@xyLineThicknessF     = 4.0                       ;线条 4 倍粗细
  plot = gsn_csm_xy(wks,u(0,:,{30},{0}),u&lev,res)
end
```

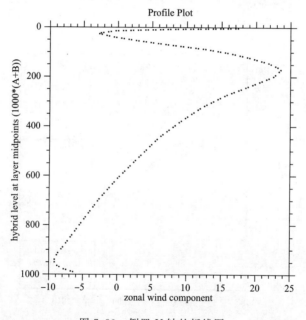

图 7.30　倒置 Y 轴的折线图

7.8.3　气压对数坐标垂直剖面

当 Y 轴为气压时,通常须将其设定为对数气压坐标。
NCL_xy_ylog.ncl(图 7.31):

```
begin
  f     = addfile ("../data/atmos.nc","r")
  u     = f->U
  data  = new((/3,dimsizes(u&lev)/),float)    ;创建一个数组变量
  data(0,:) = u(0,:,{20},{0})
  data(1,:) = u(0,:,{30},{0})
  data(2,:) = u(0,:,{40},{0})
  wks   = gsn_open_wks ("eps","xy_ylog")
  res                  = True
  res@tiMainString     = "Profile Plot"

;--设置图例
  res@pmLegendDisplayMode      = "Always"    ;打开图例（默认值：
    NoCreate)
  res@pmLegendParallelPosF     = .85            ;水平移动图例
  res@pmLegendOrthogonalPosF   = -0.8           ;垂直移动图例
  res@pmLegendWidthF           = 0.12           ;图例的宽度
  res@pmLegendHeightF          = 0.25           ;图例的长度
  res@xyExplicitLegendLabels   = (/"20~S~o~N~N","30~S~o
    ~N~N","40~S~o~N~N"/); 图例的标签
  res@lgLabelFontHeightF       = .02            ;图例的标签字体大小
  res@lgPerimOn                = False          ;不绘制图例的边框

;--Y 轴改为对数坐标
  res@trYMinF         = 4            ;Y 轴上最小数值
  res@xyYStyle        = "Log"        ;Y 轴类型，默认"Linear"，其他选
    项为"Irregular"
  res@trYReverse      = True
  res@tmYLMode        = "Explicit"   ;手动指定标签
  res@tmYLValues      = (/ 1000, 700,500,400,300,200,100,50,30,10,5/)
  res@tmYLLabels      = ""+res@tmYLValues; Y 轴标签
  res@tiYAxisString   = "Pressure (hPa)"
  plot    = gsn_csm_xy(wks,data,u&lev,res)
end
```

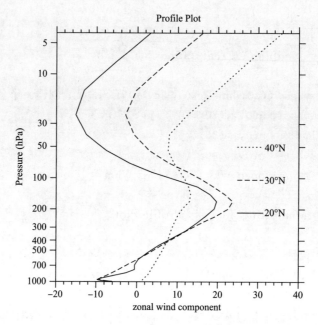

图 7.31　气压对数坐标垂直剖面图

7.8.4　添加误差条

NCL_xy_ebar.ncl(图 7.32)：

```
begin
  a = addfile("$NCARG_ROOT/lib/ncarg/data/cdf/uv300.nc","r")
  u = a->V(0,:,30)
  wks = gsn_open_wks("eps","xy_ebar")
  res                = True
  res@tiYAxisString  = u@long_name + "("+u@units +")"
  res@tiMainString   = "Example of error bars"
  res@gsnFrame       = False          ;暂不翻页
  res@gsnDraw        = False          ;暂不绘图
  res@trXMaxF        = dimsizes(u)−1  ;用 u 的数组大小设定 X 轴最
     大值
  plot = gsn_csm_y(wks,u,res)
```

```
;--添加误差条
  polyres                = True
  polyres@gsMarkerIndex  = 1              ;标识类型
  polyres@gsMarkerSizeF  = .02            ;标识大小
  ;-由于要绘制许多误差条,因此创建数组来表示误差值
  error_bar = new(dimsizes(u),graphic)   ; 任意折线表示误差条
  centers   = new(dimsizes(u),graphic)   ; 标识误差条的中心位置
  ;-循环绘制误差条
  do t = 0,dimsizes(u)-1
    ;-每个数据添加误差标识
    centers(t)   = gsn_add_polymarker(wks,plot,t,u(t),polyres)
    ;-这里设定误差条为实际数值的[-1,1]偏差
    error_bar(t)= gsn_add_polyline(wks,plot,(/t,t/),(/u(t)+1.,u(t)
      -1.0/),polyres)
  end do
  draw(plot)  ;绘图
  frame(wks)  ;翻页
end
```

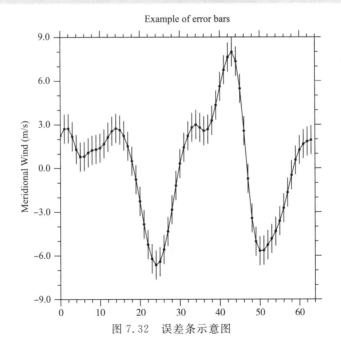

图 7.32　误差条示意图

7.8.5　参考值上下不同填色

NCL_xy_ref.ncl(图 7.33)：

```
begin
  f            = addfile ("../data/SOI_Darwin.nc" , "r")
  dsoi         = f->DSOI                        ;南方涛动指数
  dsoid        = runave_n_Wrap(dsoi,11,0,0)     ;对第 0 维即时间维 11 年
     滑动平均
  date         = f->date
  dimDate      = dimsizes(date)                 ;时次总数
  dateF        = new(dimDate,float)

  ;--整型时间数据转为浮点型
  do n=0,dimDate-1
    yyyy       = date(n)/100
    mon        = date(n)-yyyy * 100
    dateF(n)   = yyyy + (mon-1)/12.
  end do

  wks               = gsn_open_wks ("eps","xy_ref")
  res               = True
  res@vpHeightF     = 0.4      ;视图高度
  res@vpWidthF      = 0.8      ;视图宽度
  res@trYMinF       = -2.5
  res@trYMaxF       = 2.5

  res@tiMainString  = "Darwin Southern Oscillation Index"
  res@tiXAxisString = "year"
  res@tiYAxisString = "Anomalies"

  ;--设置参考线及其上下值的填色颜色
  res@gsnYRefLine             = 0.0         ; y=0 的参考线
  res@gsnAboveYRefLineColor = "gray25"   ;大于参考值时填充的颜色
  res@gsnBelowYRefLineColor = "gray75"   ;小于参考值时填充的颜色
  plot =gsn_csm_xy (wks,dateF,dsoid,res)
end
```

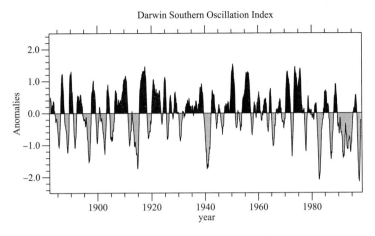

图 7.33　参考值上下的不同填色示意图

7.8.6　沿 X 轴堆叠系列折线

下例将介绍如何将四幅折线图沿 X 轴堆叠,使它们具有共同的 X 轴。

NCL_xy_xpile.ncl(图 7.34):

```
begin

;--为每根曲线赋值
  NPTS = 500   ;每根曲线均由 500 个点构成
  theta  = 3.1415926/100 * ispan(0,NPTS-1,1)
  y1 = sin(theta)
  y2 = sin(2^theta)
  y3 = sin(4 * sqrt(fabs(theta)))
  y4 = sin(theta * theta/7.)
  x  = ispan(0,NPTS-1,1)

;--设定 4 根曲线的 X 轴和 Y 轴的数值范围
  xmin = 0
  xmax = NPTS-1
  ymin = -1
  ymax = 1
```

```
wks = gsn_open_wks("eps","xy_xpile")

plotxy = new(4,"graphic")   ;四根曲线分四幅图绘制
;--首先设定四幅图共用的绘图参数
res                      = True
res@gsnDraw              = False       ;暂不绘制
res@gsnFrame             = False       ;暂不翻页
res@vpWidthF             = 0.4         ;视图宽度
res@vpHeightF            = 0.1         ;视图长度
res@trXMinF              = xmin        ;X 轴的最小值
res@trXMaxF              = xmax        ;X 轴的最大值
res@trYMinF              = ymin-0.2    ;增大坐标轴范围以添加一定
    的空白
res@trYMaxF              = ymax+0.2    ;增大坐标轴范围以添加一定
    的空白
res@xyLineThicknessF     = 3.0         ;线条 3 倍粗细


;-为第一和第三幅图设置共用绘图参数
res13                        = res
res13@tmYLLabelFontHeightF   = 0.015           ;左 Y 轴坐标标签的
    字体大小
res13@tmYLLabelJust          = "CenterLeft"    ;左 Y 轴坐标标签的
    对齐位置
res13@tmYLLabelDeltaF        = 2.0             ;移动左 Y 轴坐标标签
res13@tmYRLabelsOn           = False           ;关闭右 Y 轴标签
res13@tmYROn                 = False           ;关闭右 Y 轴刻度线


;--为第二和第四幅图设置共用绘图参数
res24                     = res
res24@tmYLOn             = False       ;关闭左 Y 轴
res24@tmYROn            = True        ;开启右 Y 轴
res24@tmYRLabelsOn      = True        ;开启右 Y 轴坐标轴
    标签
```

```
res24@tmYRLabelFontHeightF = 0.012          ;右 Y 轴坐标轴标
    签字体大小
res24@tiYAxisSide          = "right"
res24@tiYAxisAngleF        = -90
res24@tmYUseLeft           = False           ;使右 Y 轴独立于
    左 Y 轴
res24@tmYLLabelsOn         = False           ;关闭左 Y 轴坐标
    轴标签
res24@tmYRLabelDeltaF      = 2.              ;移动右 Y 轴坐标
    轴标签
res24@tmYRLabelJust        = "CenterRight"   ;右 Y 轴坐标标签
    的对齐位置


;-分别复制上述共用绘图参数,用以绘制每个图形
res1 = res13
res2 = res24
res3 = res13
res4 = res24


;-图 1
res1@xyLineColor       = "black"             ;线条颜色
res1@tiYAxisString     = "1xy1"              ;Y 轴名称
res1@tiYAxisFontColor  = res1@xyLineColor    ;Y 轴名称字体的颜色
plotxy(0) = gsn_csm_y(wks,y1,res1)


;-图 2
res2@xyLineColor       = "black"             ;线条颜色
res2@tiYAxisString     = "xy2"               ;Y 轴名称
res2@tiYAxisFontColor  = res2@xyLineColor    ;Y 轴名称字体的颜色
plotxy(1) = gsn_csm_y(wks,y2,res2)
```

```
;-图 3
res3@xyLineColor        = "black"              ;线条颜色
res3@tiYAxisString      = "xy3"               ;Y 轴名称
res3@tiYAxisFontColor   = res3@xyLineColor    ;Y 轴名称字体的颜色
plotxy(2) = gsn_csm_y(wks,y3,res3)


;-图 4
res4@xyLineColor        = "black"              ;线条颜色
res4@tiYAxisString      = "xy4"               ;Y 轴名称
res4@tiYAxisFontColor   = res4@xyLineColor    ;Y 轴名称字体的颜色
plotxy(3) = gsn_csm_y(wks,y4,res4)

;--沿 X 轴堆叠各图形
attachres1                    = True    ;设置底图
attachres1@gsnAttachBorderOn  = False   ;不绘制图形的连接边界
attachres2                    = True    ;设置堆叠图
attachres2@gsnAttachPlotsXAxis = True   ;沿 X 轴堆叠
    ;将第二至第四幅图全部叠加至第一幅图上
attachid1 = gsn_attach_plots(plotxy(0),plotxy(1:3),attachres1,atta-
    chres2)


draw(plotxy(0))
frame(wks)
end
```

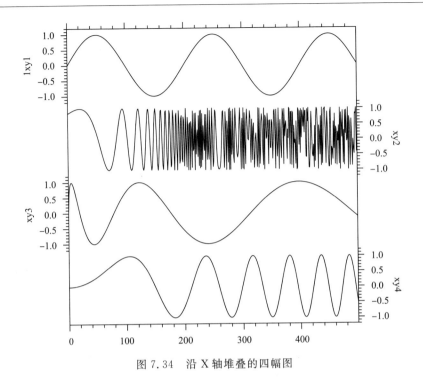

图 7.34　沿 X 轴堆叠的四幅图

7.8.7　两根折线之间填色

NCL_xy_colorfill.ncl(图 7.35)：

```
begin
    f   = addfile("$NCARG_ROOT/lib/ncarg/data/cdf/uv300.nc","r")
    u   = f->U
;--绘制多根折线。必须将其放在一个多维数组中
    data      = new((/2,dimsizes(u&lat)/),float)
    data(0,:) = u(0,:,{82})
    data(1,:) = u(0,:,{-69})

;--设定图形中坐标标签
    values = (/-90,-60,-30,0,30,60,90/)
```

```
labels = (/"90~S~o~N~S","60~S~o~N~S","30~S~o~N~
    S","0","30~S~o~N~N","60~S~o~N~N","90~S~o~N~
    N"/)  ;为纬度添加"°"。这里使用了默认的字符函数码"~",详见
    7.4.2 节


wks = gsn_open_wks ("ps","xy_colorfill")  ;生成 ps 图,可以绘制多页图
res1              = True
res1@tiMainString  = "Filled XY plot"


res2 = res1  ;res2 调整第二幅图
res3 = res1  ;res3 调整第三幅图


;--第一页中绘制第一幅图
res1@tiXAxisString = "Latitude"
res1@tiYAxisString = "U (m/s)"
res1@tmXBMode      = "Explicit"          ;手动设置 X 轴标签
res1@tmXBValues    = values              ;X 轴坐标数值
res1@tmXBLabels    = labels              ;对应的标签


res2 = res1  ;复制至 res2,用以调整第二幅图


res1@gsnXYFillColors = "gray25"                ;折线之间填充颜色
plot = gsn_csm_xy(wks,u&lat,data,res1)         ;注意,这里第二个参
    数为 u&lat

;--第二页中绘制第二幅图
res2@gsnXYAboveFillColors = "gray25"   ;上部折线的填充颜色
res2@gsnXYBelowFillColors = "gray75"   ;下部折线的填充颜色
plot = gsn_csm_xy(wks,u&lat,data,res2)
```

```
;--第三页中绘制第三幅图
   res3@tiXAxisString        = "U (m/s)"
   res3@tiYAxisString        = "Latitude"
   res3@tmYLMode             = "Explicit"
   res3@tmYLValues           = values
   res3@tmYLLabels           = labels
   res3@gsnXYLeftFillColors  = "gray25"        ; 左部折线的填充颜色
   res3@gsnXYRightFillColors = "gray75"        ; 右部折线的填充颜色
   plot = gsn_csm_xy(wks,data,u&lat,res3)      ; 注意,这里第二个参
      数为 data
end
```

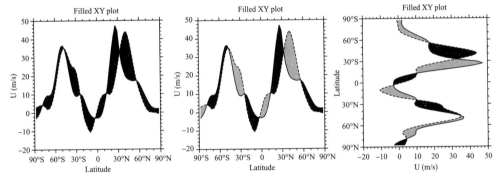

图 7.35　折线之间填色

(左、中、右图分别对应 ps 文件的第一页、第二页和第三页图)

7.8.8　两个 X 轴

通过绘图函数 gsn_csm_x2y2 可在一幅图中绘制两组 X/Y 轴,对应两个变量场各自的 X 轴和 Y 轴。下例介绍两个变量场共用一个 Y 轴,但采用不同 X 轴。

NCL_xy_2x.ncl(图 7.36):

```
begin
   dir = "../data/"
   m1  = "ccsm3_bgc4_i_11b"
   m2  = "b30.061cb"
```

```
fin1  = addfile(dir+m1+"_ann_globalClimo. nc","r")
fin2  = addfile(dir+m2+"_ann_globalClimo. nc","r")
v1    = fin1->MR
v2    = fin2->MR
nyrs1 = dimsizes(v1)
nyrs2 = dimsizes(v2)
nyrs  = max( (/nyrs1,nyrs2/) ) ;返回最多时次
y     = new((/2,nyrs/),"double")
t     = new((/2,nyrs/),"double")
;--填入时间值
;-Offset 指模式运行的第一年
t1_offset = 1850   ;模式第一年为 1850
t2_offset = 0      ;模式第一年为 0
t1    = ispan(0,nyrs-1,1)
t(0,:)= t1 + t1_offset
t(1,:)= t1 + t2_offset
;-填充 y 值
y(0,0:nyrs1-1) = v1
y(1,0:nyrs2-1) = v2
ymin = min((/y(0,:),y(1,:)/))   ; y 的最小值
ymax = max((/y(0,:),y(1,:)/))   ; y 的最大值


;--设置折线的颜色和线型
line_col1 = "gray5"
line_col2 = "gray35"
line_pat1 = 0
line_pat2 = 1
wks =gsn_open_wks("eps","xy_2x")
;-两根折线的共用设置
res2  = True
res2@gsnFrame         = False
res2@tmYROn           = False              ; Y 轴右侧不绘制标签
res2@tmYRLabelsOn     = False
```

```
res2@trYMinF              = ymin
res2@trYMaxF              = ymax

;-设定第一根折线
res1                      = res2
res1@xyLineColor          = line_col1
res1@xyDashPattern        = line_pat1
res1@trXMinF              = t(0,:)            ; X 轴的最小值
res1@trXMaxF              = t(0,nyrs-1)       ; X 轴的最大值
res1@tiXAxisString        = "time [model yrs]"  ; X 轴标题
res1@tiYAxisString        = "mm/d"           ; Y 轴标题
res1@tmXMajorGrid         = True             ; 在 X 轴主刻度线位
    置上绘制垂直线
res1@tmXMajorGridThicknessF      = 0.5       ; 线条 0.5 倍粗细
res1@tmXMajorGridLineDashPattern = 2         ; 线型
res1@tmXBLabelFontColor          = line_col1
res1@gsnCenterString             = m1 + " vs " + m2
res1@gsnCenterStringFontHeightF  = 0.03

;-设定第二根折线
res2                      = res2
res2@xyLineColor          = line_col2
res2@xyDashPattern        = line_pat2
res2@trXMinF              = t(1,0)
res2@trXMaxF              = t(1,nyrs-1)
res2@tmXTLabelFontColor   = line_col2

;-绘制
plot = gsn_csm_x2y2(wks,t(0,:),t(1,:),y(0,:),y(1,:),res1,res2)

;--绘制图例
res_text                  = True
res_text@txFontHeightF    = 0.015           ; 文本字体大小
res_text@txJust           = "CenterLeft"    ; 文本对齐的位置
res_lines                 = True
```

```
res_lines@gsLineColor          = line_col1   ;线条颜色
res_lines@gsLineThicknessF      = 3           ;线条 3 倍粗细
res_lines@gsLineDashPattern    = line_pat1   ;线条类型,见附录图 A.1
xx = (/1860,1890/)
yy = (/53. ,53. /)
gsn_polyline(wks,plot,xx,yy,res_lines)
gsn_text(wks,plot,m1,1900,53. ,res_text)
yy = (/52.5,52.5/)
res_lines@gsLineColor          = line_col2
res_lines@gsLineDashPattern    = line_pat2
gsn_polyline(wks,plot,xx,yy,res_lines)
gsn_text(wks,plot,m2,1900,52.5,res_text)
frame(wks)
end
```

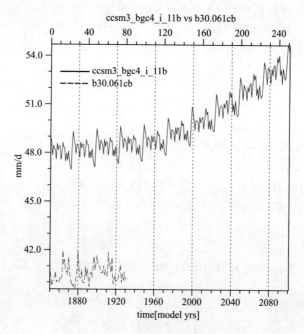

图 7.36　两个 X 轴的示意图

7.8.9　两个 Y 轴并控制坐标标签的精度

绘图函数 gsn_csm_xy2 可在一幅图中绘制两个 Y 轴,用以表示两个变量场,它们共用一个 X 轴。

NCL_xy_2y.ncl(图 7.37):

```
begin
  f = addfile ("../data/TestData. xy3. nc","r")
  t      = f->T(0,0:35)      ;读取左变量(y1)
  p      = f->P(0,0:35)      ;读取右变量(y2)
  time = f->time(0:35)       ;time 为 X 轴,其时间格式是由年份和日期
      在一年中的比例构成,比如 1979.0 表示 1979 年 1 月 1 日,1979.997
      表示 1979 年 12 月 31 日,(365-1)/365=0.997

  wks = gsn_open_wks("eps","xy_2y")
  ;--用左边 Y 轴表示变量 y1
  resL                   = True
  resL@tiMainString   = "Curves Offset"              ;标题
  resL@tiYAxisString = t@long_name +"  "+"[solid]"; Y 轴名称
  resL@trYMaxF        = 16.                          ; Y 轴最大值
  resL@trYMinF        = 0.                           ; Y 轴最小值
  resL@xyLineColors   = "black"                      ;线条颜色
  resL@xyLineThicknesses= 2.                         ;线条 2 倍粗细

  ;--用右边 Y 轴表示变量 y2
  resR                   = True
  resR@tmYRLabelsOn      = True       ;打开右边 Y 轴坐标标签
  resR@tmYUseLeft        = False      ;关闭左边 Y 轴设置
  resR@tiYAxisString   = p@long_name +"  "+"[dash]" ; Y 轴名称
  resR@trYMaxF         = 1024.      ; Y 轴最大值
  resR@trYMinF         = 1008.      ; Y 轴最小值
```

```
resR@tmYRAutoPrecision  =  False        ;关闭自动精度设置
resR@tmYRPrecision      =  6            ;设置精度,共 6 个数字(不含小
    数点),以 tmYRAutoPrecision 设为 False 为前提
resR@xyDashPatterns     =  16          ;16,长虚线
resR@xyLineThicknesses  =  2.          ;线条 2 倍粗细
resR@xyLineColors       =  "grey40"    ;线条颜色
plot = gsn_csm_xy2(wks,time,t,p,resL,resR)
print(time)
end
```

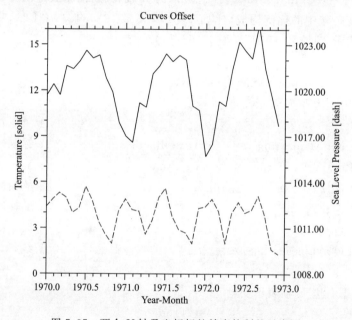

图 7.37   两个 Y 轴及坐标标签精度控制的示意图

7.8.10   三个 Y 轴

绘图函数 gsn_csm_xy3 可一次绘制三个不同的 Y 轴用以表示三个不同的变量,此类图形中通常仅设置一个共用的 X 轴。

NCL_xy_3y. ncl(图 7.38):

```
begin
  ncurve = 3
  npts   = 129
  x1_y3  = asciiread("$NCARG_ROOT/lib/ncarg/data/asc/xy.asc",4
    *129,"float")

  u     = x1_y3(1:513:4)
  v     = x1_y3(2:514:4)
  t     = x1_y3(3:515:4)

  nx    = dimsizes(u)
  xaxis = ispan(0,nx-1,1)

  wks   = gsn_open_wks("eps","xy_3y")

  res1                  = True
  res1@vpWidthF         = 0.5
  res1@xyLineThicknessF = 2.

  res2   = res1
  res3   = res1

  res1@trXMaxF = nx -1   ;设置 X 轴最大值

  ;--设置第一个变量 t 相关的绘图参数
  res1@xyLineColor        = "red"
  res1@xyDashPattern      = 0
  res1@tiYAxisString      = "t（K）"
  res1@tiYAxisFontColor   = res1@xyLineColor
  res1@tmYLLabelFontColor = res1@xyLineColor
```

```
;--设置第二个变量 u 相关的绘图参数
res2@xyLineColor              = "purple"
res2@xyDashPattern            = 2
res2@tiYAxisString            = "u (m/s)"
res2@tiYAxisFontColor         = res2@xyLineColor
res2@tmYRLabelFontColor       = res2@xyLineColor


;--设置第三个变量 v 相关的绘图参数
res3@xyLineColor              = "blue"
res3@xyDashPattern            = 16
res3@tiYAxisString            = "v (m/s)"
res3@tiYAxisFontColor         = res3@xyLineColor
res3@tmYRLabelFontColor       = res3@xyLineColor


res3@amOrthogonalPosF         = 0.8   ;调整"v"坐标轴位置

plot = gsn_csm_xy3(wks,xaxis,t,u,v,res1,res2,res3)
end
```

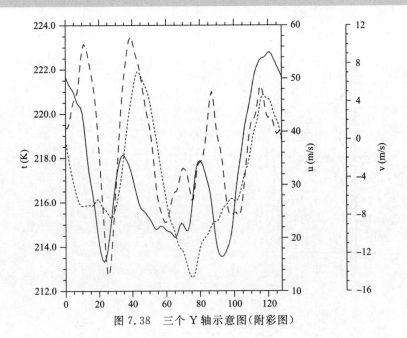

图 7.38   三个 Y 轴示意图(附彩图)

7.9　散点图(scatter)

散点图有两种绘制情形,一是折线图中的散点,通过设置绘图参数 xyMarkLineModes 或 xyMarkLineMode 为"Markers"来绘制散点(本质还是属于折线图);二是通过 polymark-er 相关的函数或程序进行绘制。第二种方法可绘制出不同大小、颜色和样式的标识。

7.9.1　折线图中的散点

这里根据 5.5 节中的脚本 NUG_statistics_linear_regression. ncl 进行改写,其中数据处理部分不变,不再重复给出,以下仅给出设置折线的代码部分(图 7.39)。

```
;--散点与折线的设置
res@xyMarkLineModes    = (/"Markers","Lines","Lines"/)   ;第一个
    折线用散点表示,第二与第三个折线用直线表示
res@xyMarkers          = 16          ;散点用序号为第 16 的标识,即实
    心圆点,见附录图 A.3
res@xyMarkerColor      = "black"     ;标识颜色
res@xyMarkerSizeF      = 0.005       ;标识大小(默认为 0.01)
res@xyDashPatterns     = (/1,2/)     ;回归采用实线,滑动平均采用点线
res@xyLineThicknesses  = (/2,1/)     ;回归线与滑动平均线分别采用 2
    倍和 1 倍粗细
(绘图代码略)
```

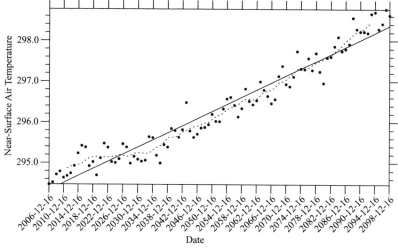

图 7.39　散点图及线性拟合直线

7.9.2 标识(polymarker)散点

脚本 NCL_scatter.ncl 对处于不同数值区间内的标识进行了分组,并采用了不同的颜色和大小(图 7.40)。

```
begin
  npts = 100      ; 100 个标识点
;--(创建虚假的)纬度和经度数组,它表示各个标识的地理位置
  lat  = random_uniform(15., 50.,npts)
  lon  = random_uniform(60,140.,npts)
;--(创建虚假的)每个标识点的数值,后面将根据其数值所在的区间范围采
    用不同的颜色
  R    = random_uniform(-1.2,35.,npts)

;--标识数值的间隔区间,一个间隔区间对应一个颜色或(及)大小
  arr = (/0.,5.,10.,15.,20.,23.,26./)      ; (bin0 = < 0.,bin1 =
    0.:4.999,等等,共 8 个区间)
  colors = (/10,30,38,48,56,66,74,94/)       ; 对应的标识颜色,数组
    大小必须等于 dimsizes(arr)+1

  num_distinct_markers = dimsizes(arr)+1    ; 区间数目,也是不同标
    识类型的数目
;-按照标识点的数值所在的区间范围对所有标识点的经纬度进行分组
  lat_new = new((/num_distinct_markers,dimsizes(R)/),float,-999)
  lon_new = new((/num_distinct_markers,dimsizes(R)/),float,-999)
;-同时创建稍后将在图例中使用的标签
  labels  = new(dimsizes(arr)+1,string)   ; 图例标签
  do i    = 0, num_distinct_markers-1
    if (i.eq.0) then ;第一个数值区间,即小于 arr(0)
      indexes  = ind(R.lt.arr(0))
      labels(i) = "x < " +arr(0)
    end if
```

```
  if (i. eq. num_distinct_markers-1) then  ; 最后一个数值区间,即大于
    max(arr)
    indexes = ind(R. ge. max(arr))
    labels(i) = "x >= " + max(arr)
  end if
  if (i. gt. 0. and. i. lt. num_distinct_markers-1) then  ; 中间的数值区间
    indexes = ind(R. ge. arr(i-1). and. R. lt. arr(i))
    labels(i) = arr(i-1) + " <= x < " + arr(i)
  end if


  ;--统计在每一个指定数值区间内的标识个数
  if (. not. any(ismissing(indexes))) then
    npts_range = dimsizes(indexes)
    lat_new(i,0:npts_range-1) = lat(indexes)  ; 记录其纬度
    lon_new(i,0:npts_range-1) = lon(indexes)  ; 记录其经度
  end if
  delete(indexes)   ; 必须删除,因为下次循环时 indexes 可能是大小不
    同的数组
end do

wks = gsn_open_wks("eps","NCL_scatter_polymarker")
gsn_define_colormap(wks,"WhViBlGrYeOrRe")


mpres                  = True
mpres@gsnFrame         = False   ; 暂不翻页


mpres@pmTickMarkDisplayMode = "Always"
mpres@mpMinLatF        = 15.
mpres@mpMaxLatF        = 50.
mpres@mpMinLonF        = 60.
mpres@mpMaxLonF        = 140.
```

```
mpres@tiMainString = "Dummy station data colored and～C～sized
  according to range of values"
map = gsn_csm_map(wks,mpres)


;--添加标识
  gsres                  = True
  gsres@gsMarkerIndex = 16   ；标识采用填充点

  txres                  = True
  txres@txFontHeightF = 0.015


;--图例和文本的位置（单位坐标系内的坐标位置）
  xleg = (/0.07,0.07,0.32,0.32,0.57,0.57,0.82,0.82/)
  yleg = (/0.22,0.17,0.22,0.17,0.22,0.17,0.22,0.17/)
  xtxt = (/0.16,0.16,0.41,0.41,0.66,0.66,0.91,0.91/)
  ytxt = (/0.22,0.17,0.22,0.17,0.22,0.17,0.22,0.17/)


;--依次绘制各个数值区间范围内的标识点及其图例
  do i = 0, num_distinct_markers-1
    if (.not.ismissing(lat_new(i,0))) then
      gsres@gsMarkerColor        = colors(i)
      gsres@gsMarkerThicknessF = 0.7 * (i+1)
      gsn_polymarker(wks,map,lon_new(i,:),lat_new(i,:),gsres)

    ;-图形下方添加标识与文本以作为图例
      gsn_polymarker_ndc(wks,            xleg(i),yleg(i),gsres)
      gsn_text_ndc        (wks,labels(i),xtxt(i),ytxt(i),txres)
    end if
  end do
  frame(wks)     ；翻页
end
```

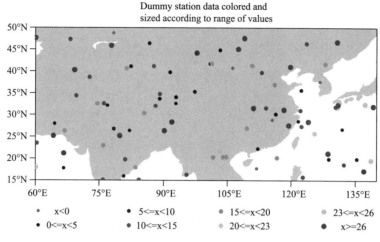

图 7.40 不同颜色及大小的散点图(附彩图)

7.10 柱状图(bar chart)

柱状图是折线图的一种,只不过图形上各个格点的数值用直方条表示。从图形上看,柱状图和直方图(histogram)十分类似,但直方图是数据分级图,有自己的绘图参数与绘图函数。关于直方图的讲解将在下一节中介绍。

7.10.1 一个变量的柱状图

调用绘图函数 gsn_csm_xy,使大于或小于参考值的数值用不同的颜色表示。NCL_1bar.ncl(图 7.41):

```
begin
  n    = 24
  x    = fspan(1.0, 12.0, n)        ;创建一个 1.0 到 12.0 共 n 个
       数的等差数列
  y    = random_uniform(−1.0,1.0,n) ;在[−1,1]范围内生成 n 个随
       机数
  wks = gsn_open_wks("eps","1bar")
```

```
res                = True
res@tmXBMode       = "Explicit"          ;指定底部 X 轴的坐标标签
res@tmXBValues     = fspan(1,12,12)      ;设定 X 轴标值位置
res@tmXBLabels     = (/"Jan","Feb","Mar","Apr","May","Jun","
  Jul","Aug","Sep","Oct","Nov","Dec"/)
res@tmXBLabelFontHeightF  = 0.015        ;字体大小

res@gsnXYBarChart          = True        ;绘制柱状图
res@gsnXYBarChartBarWidth  = 0.25        ;柱状图柱的宽度

res@gsnYRefLine            = 0.          ;y=0 的参考线
res@gsnAboveYRefLineColor  = "grey10"    ;大于参考值的颜色
res@gsnBelowYRefLineColor  = "grey60"    ;小于参考值的颜色
plot = gsn_csm_xy(wks, x, y, res)
end
```

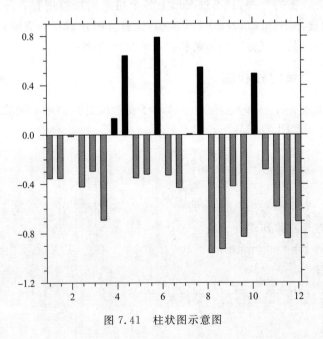

图 7.41　柱状图示意图

7.10.2 多个变量的柱状图

绘制多个变量的柱状图,通常是分别绘制每个变量的柱状图,并通过程序 gsn_labelbar_ndc 为其添加图例,这不同于多根折线的绘制方法(第 7.8.1 节)。下例介绍了三个变量的柱状图绘制方法。

NCL_2bar.ncl(图 7.42):

```
begin
  n  = 12
  x  = fspan(0.5,  11.5,  n)

;--创建在[0,1]范围内的三个随机序列
  low  = 0.0
  high = 1.0
  y1 = random_uniform(low, high, n)
  y2 = random_uniform(low, high, n)
  y3 = random_uniform(low, high, n)

  colors = (/"grey10", "grey40", "grey70"/);用不同的颜色绘制柱
    状图
  labels = (/"y1", "y2", "y3"/)                ;三个变量的名称

  wks = gsn_open_wks("eps","2bar")
  res                        = True
  res@gsnFrame               = False    ;暂不翻页
  res@gsnXYBarChart          = True     ;柱状图
  res@gsnXYBarChartBarWidth  = 0.25
;--为每个变量图形设置固定的 X/Y 轴数值范围
  res@trXMinF                = 0.0
  res@trXMaxF                = 12.5
  res@trYMinF                = 0.0
  res@trYMaxF                = 1.0
;--设置 X 轴标签
  res@tmXBMode               = "Explicit"
  res@tmXBValues             = ispan(1,12,1)-0.25
```

```
res@tmXBLabels = (/"Jan","Feb","Mar","Apr","May","Jun","
    Jul","Aug","Sep","Oct","Nov","Dec"/)
res@tmXBLabelFontHeightF = 0.015

res@tiMainString = "NCL Doc Example：bar chart of multi data sets"

;--在每隔 0.25 距离的 X 轴位置上绘制每个柱状图
res@gsnXYBarChartColors = colors(0)
plots1 = gsn_csm_xy(wks, x, y1, res)
res@gsnXYBarChartColors = colors(1)
plots2 = gsn_csm_xy(wks, x+0.25, y2, res)
res@gsnXYBarChartColors = colors(2)
plots3 = gsn_csm_xy(wks, x+0.5, y3, res)

;--添加图例
lbres                  = True
lbres@vpWidthF         = 0.2         ;图例宽度
lbres@vpHeightF        = 0.1         ;图例高度
lbres@lbBoxMajorExtentF = 0.15       ;增加颜色方格之间的距离
lbres@lbMonoFillPattern = True
lbres@lbLabelFontHeightF = 0.015     ;图例标签的字体大小
lbres@lbLabelJust      = "CenterLeft" ;图例标签的左中点为对
    齐点
lbres@lbPerimOn        = False       ;不绘制图例边线

xpos = (/0.05,  0.3,0.55/)+0.1       ;三个图例的 X 轴位置
do i=0,2
    lbres@lbFillColors = colors(i)
    gsn_labelbar_ndc(wks,1,labels(i),xpos(i),0.15,lbres) ; 1 表示每次
        绘制一个图例,0.15 表示图例的 Y 轴位置
end do
frame(wks)      ;翻页
end
```

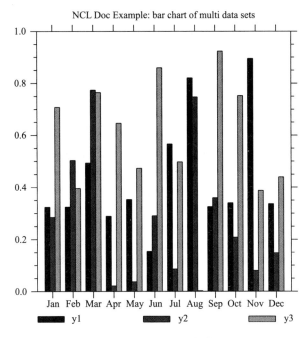

图 7.42 三个变量的柱状图

7.11 直方图（histogram）

直方图是变量数值在某个区间范围内出现的频次分布图。可见，直方图与上一节中的柱状图有本质的区别。它所使用的绘图函数为 gsn_histogram，绘图参数通常以"gsnHistogram"为开头字母。在绘图过程中，绘图函数 gsn_histogram 会自动统计各区间范围内的频次。

7.11.1 多个变量的直方图

NCL_histograms.ncl（图 7.43）：

```
begin
    data = new((/2,1000/),float)   ;创建一个[0,500]范围内的随机数组
    data(0,:) = random_uniform(0,500.,1000)
    data(1,:) = random_uniform(0,500.,1000)
```

```
wks =gsn_open_wks("eps","histograms")
res                              = True
res@gsnHistogramBarWidthPercent = 70.      ；默认值为在一个直方图
    中为 66%(66.)，在多个直方图中为 50%(50.)
res@gsnHistogramClassIntervals  =ispan(0,500,25)；X 轴数值间隔
    范围
res@gsnHistogramBarColors       = "gray"；默认为动态分布颜色
res@gsFillOpacityF              = 0.4     ；60%透明
res@tmXBLabelAngleF             = 35.     ；X 轴底部标签逆时针旋转
res@tmLabelAutoStride           = True    ；检查标签是否重叠
res@tiMainString                = "NCL Doc Example：Histograms"
plot= gsn_histogram(wks,data,res)；将绘制出变量在每个数值区间范
    围内出现的次数
end
```

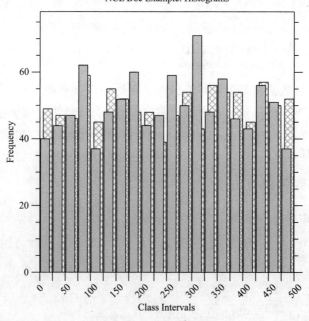

图 7.43　两个变量的直方图

7.11.2 堆栈形式

NCL_histograms_stack.ncl(图 7.44):

```
begin
;--生成 4 个随机数组,确保每个新数组的数组大小比前一个数组大
  npts = 100
  x1   = random_uniform(70,100,npts)
  x2   = random_uniform(70,100,npts * 2)
  x3   = random_uniform(70,100,npts * 3)
  x4   = random_uniform(70,100,npts * 4)
  wks = gsn_open_wks("eps","histograms_stack")
  gsn_define_colormap(wks,"temp_19lev")
;--定义每个直方条的颜色
  colors = (/(/ 2, 3, 4/), (/ 7, 8, 9/), (/12,13,14/), (/17,
    18,19/)/)
  res = True
  res@gsnDraw     = False
  res@gsnFrame    = False
  res@tiMainString = "Stacked histogram"   ; 标题
;--设定间隔范围
  res@gsnHistogramClassIntervals = (/70,80,90,100/)
;--绘图以返回最大频率值
  plot1 = gsn_histogram(wks,x1,res)
  plot2 = gsn_histogram(wks,x2,res)
  plot3 = gsn_histogram(wks,x3,res)
  plot4 = gsn_histogram(wks,x4,res)
;--返回最大频率值
  ymax = max((/max(plot1@NumInBins),max(plot2@NumInBins),max
    (plot3@NumInBins),max(plot4@NumInBins)/))
```

;--由于数组 x1 至 x4 的频次逐步增高,它们所对应的直方条的高度将依次
    增高。因此须采用倒序绘制的方式,才能保证某些柱状条不会被完全
    遮挡,最终得到堆栈形式的图形
res@trYMaxF = ymax + 5 ;采用相同的最大 Y 轴值。trYMaxF
    大于 ymax,以留出适当空白

```
res@gsnDraw   = True
res@gsFillColor = colors(3,:)
plot4 = gsn_histogram(wks,x4,res)
res@gsFillColor = colors(2,:)
plot3 = gsn_histogram(wks,x3,res)
res@gsFillColor = colors(1,:)
plot2 = gsn_histogram(wks,x2,res)
res@gsFillColor = colors(0,:)
plot1 = gsn_histogram(wks,x1,res)
```

;--添加图例

```
txres                 = True
txres@txFontHeightF = 0.018
txres@txJust         = "CenterLeft"
dims   = dimsizes(colors)
k      = 0
do i = 0,dims(0)-1
  do j = 0,dims(1)-1
    txres@txFontColor = colors(i,j)
    gsn_text_ndc(wks,"~F35~y",0.85,0.77-k * 0.05,txres)
        ;在指定位置上绘制编号为 35 的字体表中的标号为“y”的符号
        (即实心方框)
    txres@txFontColor = 1    ;黑色
    gsn_text_ndc(wks,"Bar "+(j+1)+" of x"+(i+1),0.88,0.77-
    k * 0.05,txres)  ;在彩色方框右侧添加文本
```

```
    k = k + 1
  end do
end do
frame(wks)
end
```

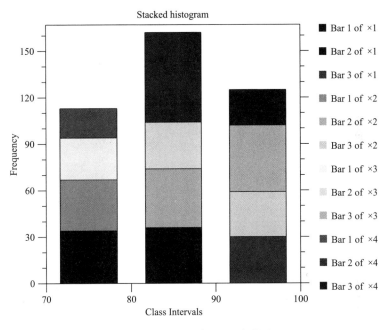

图 7.44　堆栈的直方图(附彩图)

7.12　等值线图(contour)

7.12.1　等值线及其标签

　　脚本 NUG_contour_filled_map.ncl 使用了部分常用 cn 类绘图参数,以下为其代码(图 7.45)。

```
begin
  f      = addfile("$NCARG_ROOT/lib/ncarg/data/nug/rectilinear_
    grid_3D.nc", "r")
  var    = f->t(0,0,:,:)

  wks    = gsn_open_wks("eps","NUG_contour_filled_map")

;--设置绘图参数
  res                         = True
  res@pmTickMarkDisplayMode   = "Always"

  res@cnLevelSelectionMode    = "ManualLevels"  ;等间距设定等值
    线数值
  res@cnMinLevelValF          = 250.            ;绘制的等值线最
    小数值
  res@cnMaxLevelValF          = 300.            ;绘制的等值线最
    大数值
  res@cnLevelSpacingF         = 10              ;等值线间隔

  res@cnInfoLabelOn           = True            ;(图形右下角)绘
    制表明等值线数值范围的信息框
  res@cnInfoLabelOrthogonalPosF = 0.15          ;垂直移动
  res@cnInfoLabelParallelPosF   = 1.0           ;水平移动

  res@cnFillOn     = True                       ;填色等值线
  res@cnFillPalette = "rainbow+gray"            ;设置填充的色板
  res@cnFillColors  = (/20,55,90,125,160,195,230/); 指定填充的颜色

  res@cnLinesOn               = True            ;绘制等值线
  res@cnLineDashPattern       = 0               ;等值线线型
  res@cnLineColor             = "white"         ;等值线颜色
  res@cnLineThicknessF        = 2               ;等值线粗细
```

```
res@cnLineLabelsOn       = True           ;绘制等值线标签
res@cnLabelDrawOrder     = "PostDraw"     ;等值线标签的绘制顺序
res@cnLineLabelAngleF = 0.0               ;绘制等值线标签旋转角度
res@cnLineLabelFontHeightF    = 0.01      ;等值线标签的字体大小
res@cnLineLabelFontThicknessF = 0.8       ;等值线标签的字体粗细
res@cnLineLabelBackgroundColor = "white"; 等值线标签的字体背景颜色
res@cnLineLabelDensityF       = 0.5       ;等值线标签密度
res@cnLineLabelInterval       = 1         ;等值线标签间隔


res@cnLineLabelPerimOn        = True      ;绘制等值线标签的边框
res@cnLineLabelPerimColor     = "white"; 等值线标签边框的颜色
res@cnLineLabelPerimThicknessF = 1.5      ;等值线标签边框的粗细


res@lbOrientation = "Vertical"

plot = gsn_csm_contour_map(wks, var, res)
end
```

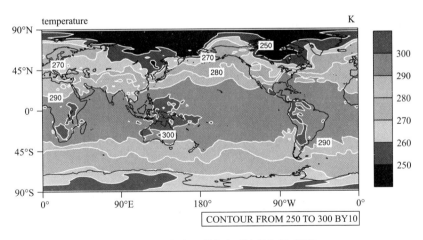

图 7.45　等值线及其标签绘图图(附彩图)

7.12.2　等值线线条与标签的显示方式

NCL_contour_linelabel.ncl(图 7.46):

```
begin
    data = generate_2d_array(10, 12, -20., 17., 0, (/129,129/))

    wks = gsn_open_wks("eps","contour_0")
    res                        = True
    res@cnFillOn               = True
    res@cnFillPalette          = "gsltod"
    res@cnLevelSelectionMode   = "ExplicitLevels"
    res@cnLineLabelsOn         = True
    res@cnLineLabelFontHeightF = 0.02
    res@cnLineThicknessF       = 5.
;--绘制四根等值线,用不同的方式绘制线条和数值标签
    res@cnLevels               = (/-4,0,5,11/)
    res@cnMonoLevelFlag        = False    ;将为每根等值线指定不同的
        绘制方式
    res@cnLevelFlags           = (/"LineOnly","LabelOnly","LineAnd-
    Label","NoLine"/) ;-4、0、5、11 四根等值线分别采用仅绘制等值线、
        仅绘制标签、不绘制等值线、绘制等值线与标签的绘制方式
    plot = gsn_csm_contour(wks,data,res)
end
```

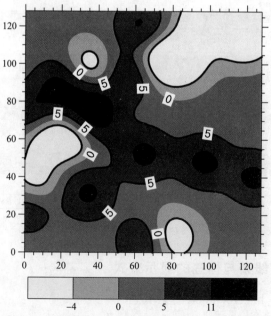

图 7.46 等值线线条及标签的四种显示方式示意图

7.12.3　正、零和负值等值线采用不同颜色

函数 ColorNegDashZeroPosContour 可调整已创建（但还未绘制的）图形中的等值线，它可为正值、0 值和负值等值线设定不同的颜色，并默认用实线表示正值和 0 值、虚线表示负值，而 0 值等值线的粗细则可通过绘图函数 gsnContourZeroLineThicknessF 来设定。若用户想用虚线表示正值、实线表示负值，则通过绘图参数 gsnContourNegLineDashPattern 和 gsnContourPosLineDashPattern 设定。

plot_contour_pos0neg. ncl(图 7.47)：

```
begin
  f   = addfile("../data/air. mon. ltm. nc", "r")
  air = f->air(0,{1000},:,:)    ;提取 1 月份 1000 hPa 资料
  air_eddy = dim_rmvmean_n_Wrap(air,1) ;计算其纬偏,即对 air 第 1
      维(从第 0 维开始)求取平均


  wks =gsn_open_wks("eps","contour_pos0neg")
  res                = True
  res@gsnDraw        = False      ;暂不绘制
  res@gsnFrame       = False      ;暂不翻页


  res@gsnPolar       = "NH"       ;北半球极射赤面投影
  res@mpMinLatF      = 30         ;最南纬度


;--设定图形左、右上方文本
  res@gsnLeftString                  = "air eddy"
  res@gsnLeftStringFontHeightF       = 0.025
  res@gsnLeftStringOrthogonalPosF    = −0.02
  res@gsnRightStringFontHeightF      = 0.025
  res@gsnRightStringOrthogonalPosF   = −0.02
```

res@gsnTickMarksOn   = False   ；关闭经度标签

res@cnLevelSpacingF   = 5

res@cnLineLabelInterval   = 1

res@cnLineThicknessF   = 1.5

res@cnLabelMasking   = True   ；标签叠加在等值线上

res@cnLineLabelFontHeightF   = 0.015

res@gsnContourZeroLineThicknessF = 4.0   ；0 值等值线 4 倍粗细。若
设为 0,则略去 0 值等值线

plot = gsn_csm_contour_map_polar(wks, air_eddy, res)

plot = ColorNegDashZeroPosContour (plot,"blue","black","red")；对
plot 进一步调整,负值等值线用蓝色虚线,0 值等值线用黑色实线,正
值等值线用红色等值线

draw(plot)

frame(wks)

end

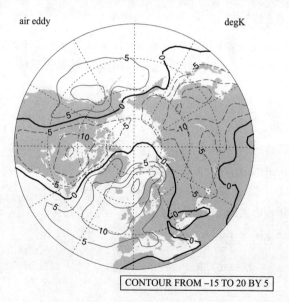

图 7.47   不同颜色和线型表示的正值、0 值和负值等值线(附彩图)

7.12.4 等值线形状填充

除 7.12.1 节中介绍的通过 cnFillOn、cnFillColors 等绘图参数对等值线进行填色外，NCL 还可对等值线进行形状填充。这有两个方法：一是通过绘图参数 cnMonoFillPattern 设为 False、cnFillPattern 设为 1~17 的整数值，再通过等值线相关的绘图函数进行绘制(图 7.48)；二是通过绘图函数 gsn_contour_shade 及其相关绘图参数对已有图形中的等值线进行形状(pattern)填充(图 7.49)。填充类型可参考附录图 A.2。下面将分别介绍两种等值线形状填充方法。

方法一，plot_contour_patternfill.ncl 类似于 7.12.3 节的 plot_contour_pos0neg.ncl，这里仅给出 plot_contour_patternfill.ncl 中的关键代码。

```
res@gsnContourZeroLineThicknessF  = 0.0    ;略去 0 值等值线

res@cnFillOn              = True    ;填充等值线
res@cnMonoFillPattern     = False   ;关闭所有等值线采用相同的虚线样式
res@cnFillPatterns        = (/1,3,5,-1,-1,17,15,9,7/) ;-1 表示不
    填充
;res@cnMonoFillScale      = False   ;可进一步由 cnFillScales 指定每一等
    值线区域的填充密度
;res@cnFillScales         = (/.5,.5,1,1,1,2.0,0.2,0.5,3./)
res@cnFillScaleF          = 2.      ;调整形状填充的密度
res@cnFillDotSizeF        = 0.01    ;填充图形中点的大小
res@cnLevelSpacingF       = 5
plot =gsn_csm_contour_map_polar(wks,air_eddy,res)

plot = ColorNegDashZeroPosContour(plot,"blue","black","red") ;对
    plot 进一步调整,负值等值线用蓝色虚线,0 值等值线用黑色实线,正值
    等值线用红色等值线
draw(plot)
frame(wks)
```

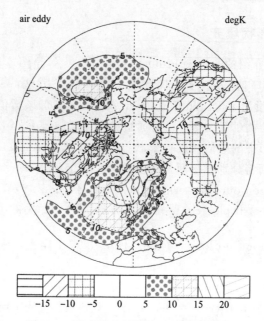

图 7.48   形状填充等值线示意图(附彩图)

方法二,首先是创建一个等值线图形,随后通过绘图函数 gsn_contour_shade 进一步修改等值线。脚本 plot_contour_patternfill2. ncl 类似 7.12.3 节中 plot_contour_pos0neg. ncl,这里仅给出该脚本中的关键部分。

```
;--设定最终图形中的形状填充的颜色和点状图形中点的大小
res@cnFillOn        = False
res@cnFillColor     = "green"    ;6.4 版本 NCL 暂不支持采用不同颜
    色填色不同形状
res@cnFillDotSizeF  = 0.004


plot = gsn_csm_contour_map_polar(wks,air_eddy,res)


plot = ColorNegDashZeroPosContour(plot,"blue","black","red") ;负
    值等值线用蓝色虚线,0 值等值线用黑色实线,正值等值线用红色等
    值线
```

```
opt                    = True
opt@gsnShadeFillType   = "pattern"   ;默认为"color"
opt@gsnShadeLow        = 1  ;用形状 1(见附录图 A.2)填充小于等于
    -10 的区域
opt@gsnShadeHigh       = 17 ;用形状 17(见附录图 A.2)填充大于等
    于 10 的区域
plot =gsn_contour_shade(plot,-10,10,opt)

draw(plot)
frame(wks)
```

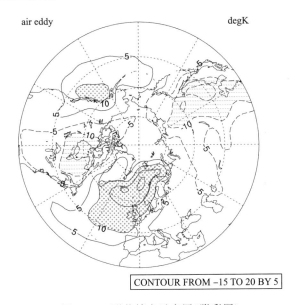

图 7.49　形状填充示意图(附彩图)

实际上,6.4.0 版本 NCL 的绘图函数 gsn_contour_shade 并不支持修改形状填充的颜色。目前的解决方案是,通过在创建等值线图(上例中为 plot)的过程中设置绘图参数 res@cnFillOn = False 和 res@cnFillColor ="green",它不可通过设置 cnFillColors 为多个形状区域采用不同颜色。如果用户需要设置多种颜色,可采用方法一。

7.12.5 栅格图

在绘制不连续格点上的变量(如阻塞事件的中心在北半球的频次分布图)或大量的高分辨率数据时,可用栅格图(raster)表示,它的绘制速度要高于默认的"area fill"绘制速度。下例根据 Masato 等(2013)提出的阻塞事件界定方法所挑选出的 1979 年至 2010 年北半球冬季阻塞事件中心的频次分布图。

plot-WB-rasterfill.ncl(图 7.50):

```
begin
    f    = addfile("../data/WB-1979-2010.nc","r")
    fre  = f->fre

    wks  = gsn_open_wks("eps","plot-WB-rasterfill")
    gsn_define_colormap(wks,"wh-bl-gr-ye-re")


    res                       = True
    res@gsnPolar              = "NH"
    res@gsnLeftString         = ""
    res@gsnRightString        = ""


    res@mpCenterLonF          = 0             ;地图的中心经度
    res@mpMinLatF             = 30            ;地图的最南纬度


    res@cnLevelSelectionMode  = "ManualLevels"
    res@cnMinLevelValF        = 2
    res@cnMaxLevelValF        = 16
    res@cnLevelSpacingF       = 1


    res@cnLinesOn             = False
    res@cnFillOn              = True
    res@cnFillMode            = "RasterFill"  ;栅格填充
    ;res@cnRasterSmoothingOn  = True          ;可打开平滑效果

    plot =gsn_csm_contour_map_polar(wks,fre,res)
end
```

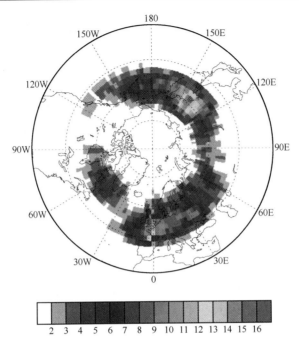

图 7.50　1979 年至 2010 年冬季北半球阻塞事件中心的频次分布图(附彩图)

用户可打开平滑设置 res@cnRasterSmoothingOn = True 以获得更加平滑的填色效果。

如果栅格填色 RasterFill 和默认的面填色 AreaFill 均没有生成用户想要的等值线填色效果,则可以尝试"单元格填充":cnFillMode = "CellFill"。该方式将填充每个网格单元。

7.12.6　添加纬向平均

为图形添加纬向平均图有两种方法:一是设定绘图参数 gsnZonalMean 为 True,NCL 将自动为原有图形添加纬向平均图;二是单独绘制纬向平均图,并通过函数 gsn_attach_plots 将其叠加至原图旁侧。

方法一,NCL_contour_zm.ncl(图 7.51):

```
begin
  a   = addfile("$NCARG_ROOT/lib/ncarg/data/cdf/uv300.nc","r")
  u   = a->U(1,:,:)
  wks = gsn_open_wks("eps","contour_zm")
  res = True
```

```
res@pmTickMarkDisplayMode      = "Always"
res@mpFillOn                   = False
res@mpOutlineDrawOrder         = "PreDraw"  ;先绘制地图海陆边
    界线,否则边界线将叠加在等值线数值标签上
res@gsnCenterString            = "Label Placement：Computed"
res@cnInfoLabelOn              = False         ;关闭等值线信息框

res@cnLineLabelBackgroundColor = "white"
res@cnLineLabelPlacementMode   = "computed"  ;绘制等值线数值标
    签的算法

;--绘制纬向平均值
res@gsnZonalMean               = True       ;图形右侧添加纬向平均
res@gsnZonalMeanXMinF          = -20        ;纬向平均的最小值
res@gsnZonalMeanXMaxF          = 40         ;纬向平均的最大值
res@gsnZonalMeanYRefLine       = 0          ;纬向平均的参考线数值
plot = gsn_csm_contour_map_ce(wks,u,res)
end
```

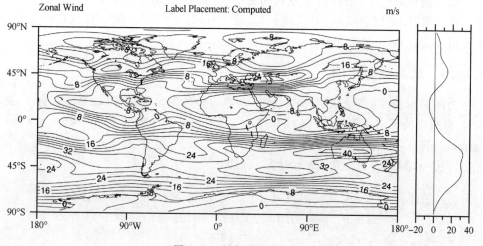

图 7.51 添加纬向平均图

方法二,绘制一个纬向平均的折线图后,通过函数 gsn_attach_plots 将其堆叠至主图上。须注意的是,要确保两幅图形连接的坐标轴有相同的取值范围。NCL 在创建等值线图时,坐标轴的取值范围通常是固定的。然而,对于折线图,NCL 将尝试自动选择漂亮的坐标轴数值范围,这可能会导致折线图与等值线图的坐标轴取值范围不同。要解决该问题,可将绘图参数 trXMinF/trXMaxF 或 trYMinF/trYMaxF 设置为连接轴的实际范围。脚本 NCL_contour_zm2. ncl 将在上例 NCL_contour_zm. ncl 基础上进行修改,以下则给出脚本代码片段(图 7.52)。

```
;--绘制纬向平均图
u_zm = dim_avg_n_Wrap(u,1)
xyres                = True
xyres@gsnDraw        = False
xyres@gsnFrame       = False
xyres@vpWidthF       = .20    ;纬向平均图的宽度

xyres@trXMinF        = —20
xyres@trXMaxF        = 40
xyres@trYMinF        = —90
xyres@trYMaxF        = 90

xyres@tmXBMode       = "Explicit"
xyres@tmXBValues     = (/0,20,40/)
xyres@tmXBLabels     = xyres@tmXBValues

plot_zm =gsn_csm_xy(wks,u_zm,u_zm&lat,xyres)

newplot = gsn_attach_plots(plot,(/plot_zm/),res,xyres)
draw(plot) ;绘制 plot,而不是 newplot
frame(wks)
```

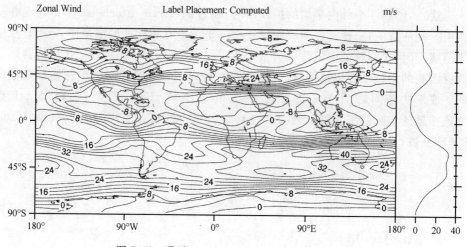

图 7.52　通过 gsn_attach_plots 添加纬向平均图

7.13　矢量图（vector）

　　NCL 可绘制四种样式矢量，它通过绘图参数 vcGlyphStyle 设定："LineArrow"、"FillArrow"、"WindBarb"和"CurlyVector"。须注意的是，"WindBarb"图形与国内标准不同，本书暂不介绍。

7.13.1　水平矢量

　　vector_FillArrow. ncl、vector_LineArrow. ncl 和 vector_ CurlyVector. ncl 将分别介绍绘制三种样式的矢量。

　　首先是 plot_vector_FillArrow. ncl 代码，其图形为图 7.53 左图。

```
begin
  f   = addfile("../data/rectilinear_grid_2D. nc", "r")
  u   = f->u10(0,:,:)        ；读取第一时次
  v   = f->v10(0,:,:)        ；读取第一时次


  refmag = 18  ；参考箭头表示的实际物理量的大小
  wks = gsn_open_wks("eps","vector_FillArrow")
  resv              = True
```

```
resv@gsnLeftString          = ""
resv@gsnRightString         = ""

resv@gsnPolar               = "NH"    ；北半球极射赤面投影
resv@gsnTickMarksOn         = False   ；关闭经度标签

resv@vcMinDistanceF         = 0.02           ；箭头之间的最小距离
resv@vcMinMagnitudeF        = 5.0            ；绘制的箭头数值的最小值
resv@vcPositionMode         = "ArrowTail" ；箭头的尾端点对齐网格点,
    默认值为"ArrowCenter"

resv@vcRefAnnoOn                       = True   ；绘制参考箭头,默认值
    为 True
resv@vcRefLengthF                      = 0.045  ；参考箭头在图形中的
    长度
resv@vcRefMagnitudeF                   = refmag；参考箭头所表示的变
    量数值
resv@vcRefAnnoBackgroundColor          = −1     ；参考箭头背景色设为
    透明
resv@vcRefAnnoPerimOn                  = False  ；不绘制参考箭头的边框

resv@vcRefAnnoString1On     = True   ；绘制参考箭头之上的字符串
resv@vcRefAnnoString1       = refmag；参考箭头之上的字符串
resv@vcRefAnnoString2On     = True   ；绘制参考箭头之下的字符串
resv@vcRefAnnoString2       = "m/s"；参考箭头之下的字符串

resv@vcRefAnnoOrthogonalPosF = −1.1   ；垂直移动参考箭头
resv@vcRefAnnoParallelPosF   = 0.1    ；水平移动参考箭头

;--设定填充箭头的样式,详见《NCL 数据处理与绘图实习教程》(施宁等,
    2017)图 H.1
resv@vcGlyphStyle                      = "FillArrow"  ；采用填充箭头的
    样式
```

```
resv@vcFillArrowHeadXF          = 0.6
resv@vcFillArrowHeadYF          = 0.25
resv@vcFillArrowHeadInteriorXF  = 0.25
resv@vcFillArrowWidthF          = 0.1
resv@vcFillArrowFillColor       = "blue"
resv@vcFillArrowEdgeColor       = "white" ;填充箭头的边缘颜色
plot = gsn_csm_vector_map_polar(wks,u,v,resv)
end
```

设定线箭头样式可参考脚本 plot_vector_LineArrow.ncl 中的代码片段,其图形为图 7.53 中图。

```
;--设定填充箭头的样式,并依据矢量数值的大小进行着色
resv@vcGlyphStyle               = "LineArrow"
resv@vcLineArrowThicknessF      = 3.0   ;线箭头的粗细

resv@vcLevelSelectionMode       = "ManualLevels"
resv@vcMaxLevelValF             = 18
resv@vcMinLevelValF             = 2
resv@vcLevelSpacingF            = 2
resv@vcMonoLineArrowColor       = False ;如果为 True,则 vcLineAr-
    rowColor 可设置所有矢量的颜色
resv@vcLevelPalette             = "WhBlGrYeRe"
```

设定曲线矢量可参考脚本 plot_vector_CurlyVector.ncl 的代码片段,其图形为图 7.53 右图。

```
;--设定填充箭头的样式,并依据矢量数值的大小进行着色
resv@vcGlyphStyle               = "CurlyVector"
resv@vcLineArrowThicknessF      = 3.0   ;线箭头的粗细
```

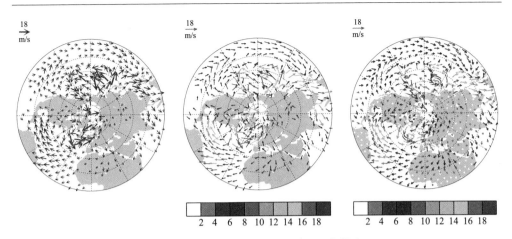

图 7.53　三种矢量式样的示意图(附彩图)

(从左至右分别为 FillArrow、LineArrow 和 CurlyVector)

7.13.2　垂直矢量

在绘制垂直方向上的矢量图须设定绘图参数 vcMapDirection 为 False。脚本 plot_vector_profile.ncl 绘制了垂直方向上叠加在温度场上的风场(水平方向上的矢量场与标量场的叠加可参考 7.15.3 节),参见图 7.54。

```
begin
  ft   = addfile("../data/air.mon.ltm.nc","r")
  fv   = addfile("../data/vwnd.mon.ltm.nc","r")
  fw   = addfile("../data/omega.mon.ltm.nc","r")

  ;--以下三个变量的数据结构均为[month|12]×[level|17]×[lat|73]×
  ;  [lon|144]
  t     = ft->air      ;气温(K)
  v     = fv->vwnd     ;经向风(m/s)
  omega = fw->omega    ;垂直速度(Pa/s)

  lev   = t&level      ;气压(hPa)
  lev   = 100 * lev    ;转换为 Pa

  ;--将垂直速度 op 的单位(近似)转换为 m/s
```

```
lev4d = conform_dims(dimsizes(omega),lev,1) ; 将气压扩展至与 tp
    数组结构一致的 4 维数组上
w = omega_to_w(omega, lev4d, t)

w = w * 100 ; 人为放大垂直分量,使其在图形中更为明显

wks = gsn_open_wks ("eps","vector-profile")
gsn_define_colormap(wks,"WhiteBlueGreenYellowRed")


res                        = True
res@tiMainString           = "Pressure/Height Vector Example"
res@gsnLeftString          = "air temperature"
res@cnFillOn               = False
res@cnLinesOn              = True
res@cnInfoLabelOn          = False
res@cnLevelSpacingF        = 4
res@cnLineLabelInterval    = 1
res@cnLineLabelDensityF    = 0.8


res@vcMapDirection         = False            ; 在绘制垂直剖面图
    时,一定设置为 False,默认 True
res@vcPositionMode         = "ArrowTail"  ; 箭头尾端位于格点上
res@vcRefAnnoOrthogonalPosF = -0.165      ; 垂直移动参考箭头
res@vcRefMagnitudeF        = 2            ; 参考箭头所表示的
    物理量的大小,注意,由于垂直分量被放大了 100,所以其参考箭头并
    不对应实际风速的大小
res@vcRefLengthF           = 0.045        ; 参考箭头的长度
res@vcLineArrowThicknessF  = 2.0          ; 线箭头的粗细


;--绘制坐标标签
res@tmXBMode = "Explicit"   ; 手动指定方式绘制坐标刻度线及
    标签
res@tmXBValues = (/-20,0,20/)
```

```
res@tmXBLabels = (/"20~S~o~N~S","Eq","20~S~o~N~
    N"/)

;--调用绘图函数 gsn_csm_pres_hgt_vector(wks,data,xcomp,zcomp,
    res)
;-第二个参数 data 为将要绘制为等值线的变量
;-第三个参数 xcomp 和第四个参数 zcomp 分别为将要绘制矢量的水平
    和垂直分量
plot = gsn_csm_pres_hgt_vector(wks,t(0,{1000:300},{-30:30},
    {210}),v(0,{1000:300},{-30:30},{210}),w(0,{1000:300},
    {-30:30},{210}),res)
end
```

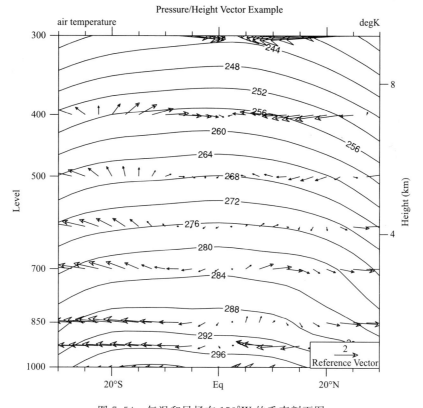

图 7.54　气温和风场在 150°W 的垂直剖面图

7.14 气压/高度剖面图

等值线的剖面图有两种绘制方法,一是不以气压/高度为其 Y 轴(比如以海洋深度为 Y 轴),可使用 gsn_csm_contour、gsn_contour 等函数绘制;二是以气压/高度为 Y 轴,则使用 gsn_csm_pres_hgt 或 gsn_csm_pres_hgt_vector 绘制。

对于上述第二种方法,若变量是一个超过二维的数组,只需挑出变量的气压/高度维和另一维(纬度、经度或时间维),即可利用绘图函数 gsn_csm_pres_hgt 或 gsn_csm_pres_hgt_vector 绘制出气压/高度—纬度图、气压/高度—经度图和气压/高度—时间图。默认情况下,图形将以将气压层及其对应的几何高度分别作为左 Y 轴和右 Y 轴。如果用户需要左、右 Y 轴一致,即左、右轴均为气压/高度层,则只需将绘图参数 tmYRMode 设为"Automatic"即可。

函数 gsn_csm_pres_hgt_vector 的使用可参考 7.13 节。本节主要介绍函数 gsn_csm_pres_hgt。脚本 NCL_h_lat.ncl 给出了绘制 1 月纬向平均纬向风场的高度—纬度图(图 7.55)。

```
begin
f    = addfile ("../data/uwnd.cli.mean.nc","r")
u    = f->uwnd   ; [month|12] X [level|17] X [lat|73] X [lon|144]

;--绘制 1 月纬向平均的 u 的高度—纬度图
u_zonal = dim_avg_n_Wrap(u(0,:,:,:),2)

wks      = gsn_open_wks ("eps", "h_lat")

res                   = True
res@gsnDraw           = False
res@gsnFrame          = False

res@cnLevelSpacingF   = 5.0          ; 等值线数值间隔
res@cnLineLabelsOn    = True         ; 绘制等值线标签
res@cnLineLabelAngleF = 0.           ; 等值线标签的角度

res@tiYAxisString = u&level@long_name + " (" + u&level@units
   + ")"; 根据变量的属性设定 Y 轴名称
```

```
;--绘制坐标标签
res@tmXBMode   = "Explicit"   ;手动指定方式绘制坐标刻度线及
  标签
res@tmXBValues  = (/-90,-60,-30,0,30,60,90/)
res@tmXBLabels  = (/"90~S~o~N~S","60~S~o~N~S","30~
  S~o~N~S","Eq","30~S~o~N~N","60~S~o~N~N","90~
  S~o~N~N"/)

res@gsnContourZeroLineThicknessF = 4.   ;0 值等值线 4 倍粗细


plot      = gsn_csm_pres_hgt( wks, u_zonal, res )
plot      = ColorNegDashZeroPosContour(plot,"black","black","black");
  均为黑色线,虚线为负值,其余为正值


draw(plot)
frame(wks)
end
```

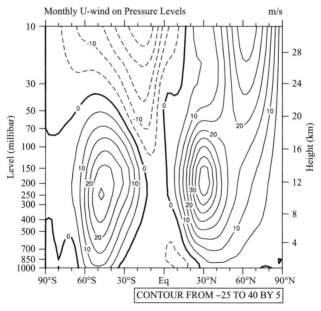

图 7.55　1 月纬向平均纬向风的高度—纬度剖面图(单位:m/s)

7.15 图形叠加(overlay)

NCL 一个最大的特点是在一页图中可多次叠加其他图形元素。在创建出多幅图形后,用户可选择其中一幅图作为底图,并通过程序 overlay 将其余图形叠加至底图上,最终得到的底图将包含所有图形。须注意的是,如果要叠加的两幅图中均含有地图,则只能在底图中绘制地图,另一幅中则使用不带"_map"的绘图函数,它仅绘制等值线、矢量或其他类型图形元素,而不再绘制地图。

7.15.1 折线图叠加

NCL_overlay_xy. ncl(图 7.56):

```
begin
  lon    = (/82. , −69. , 0. /)
  f      = addfile(" $ NCARG_ROOT/lib/ncarg/data/cdf/uv300. nc","r")
  lat    = f->lat
  u      = f->U
  u0     = u(0,:,{lon(0)})
  u1     = u(0,:,{lon(1)})
  u2     = u(0,:,{lon(2)})
  dash   = (/0,1,2/)
  wks    = gsn_open_wks("eps","overlay_xy")
  res                     = True
  res@gsnDraw             = False      ; 暂不绘制
  res@gsnFrame            = False      ; 暂不翻页
;--为所有图形设定一致的坐标范围
  res@trYMinF             = min(u)
  res@trYMaxF             = max(u)
  res@tmXBMode            = "Explicit"; 手动设置 X 轴标签
  res@tmXBValues          = (/−90,−60,−30,0,30,60,90/)
  res@tmXBLabels          = (/"90~S~o~N~S","60~S~o~N~S",
    "30~S~o~N~S","0","30~S~o~N~N","60~S~o~N~N",
    "90~S~o~N~N"/)
```

```
res@xyLineThicknessF          = 2.0
res@xyDashPattern             = dash(0)      ；实线
plot0 = gsn_csm_xy(wks,lat,u0,res)
res@xyDashPattern             = dash(1)      ；长虚线
plot1 = gsn_csm_xy(wks,lat,u1,res)
res@xyDashPattern             = dash(2)      ；短虚线
plot2 = gsn_csm_xy(wks,lat(5:),u2(5:),res)


;--plot1 和 plot2 均叠加至 plot0 上
overlay(plot0,plot1)
overlay(plot0,plot2)


;--添加图例
lgres                    = True
lgres@vpWidthF           = 0.13
lgres@vpHeightF          = 0.10
;lgres@lgLineColors       = colors
lgres@lgDashIndexes      = dash   ；图例中线型要与折线线型一致
lgres@lgItemType         = "Lines"；默认是"Lines",其他选项为"Cont-
   ourPlot"、"XyPlot"
lgres@lgLabelFontHeightF = .08       ；图例标签字体大小
lgres@lgPerimThicknessF  = 3.0       ；图例边界线 3 倍粗细
labels  = "lon="+lon
legend  =gsn_create_legend(wks, 3, labels,lgres)


;--使用 gsn_add_annotation 将图例添加至图中。这样做的好处是,当图形
   大小被调整时,图例将自动对应调整
amres                    = True
amres@amJust             = "BottomRight"     ；图例放置在右下方
amres@amParallelPosF     = 0.5               ；向右移动图例
amres@amOrthogonalPosF   = 0.5               ；向下移动图例
```

```
annoid = gsn_add_annotation(plot0,legend,amres)    ；图中添加图例
draw(plot0) ；所有图形已叠加至 plot0 上
frame(wks)
end
```

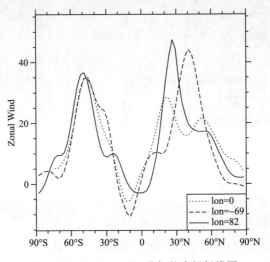

图 7.56　通过 overlay 叠加的多根折线图

实际上,上述图形也可参考 7.8.1 节,通过将三个变量合并为一个变量并调用绘图函数 gsn_csm_xy 即可一次完成。

7.15.2　等值线叠加

NCL_overlay_cn. ncl(图 7.57):

```
begin
    f        = addfile("../data/hgt. mon. ltm. nc","r")
    x        = f->hgt

    wks      = gsn_open_wks("eps","overlay_cn")
    plots    = new(4,graphic)
    dash     = (/0,1,2,3/)
    ;colors = (/"gray1","gray35","gray70"/)
```

```
res                          = True
res@gsnDraw                  = False
res@gsnFrame                 = False
res@gsnPolar                 = "NH"
res@gsnTickMarksOn           = False
res@cnLevelSelectionMode     = "ExplicitLevels"
res@cnLevels                 = 5800
res@cnInfoLabelOn            = False
res@cnLineLabelsOn           = False
res@cnLineThicknessF         = 3
plot_base = gsn_csm_contour_map_polar(wks,x(0,{500},:,:),res) ;
    绘制 1 月的 500 hPa 位势高度场,调用的绘图函数中可含有"_map"

;--绘制下一幅图时,仍使用 res 设置绘图参数,但删除 res@gsnPolar 设置,
    避免出现警告信息
delete(res@gsnPolar)
res@gsnLeftString            = ""
res@gsnRightString           = ""
res@cnLineThicknessF         = 2
do i=1,3  ; 每次绘制一根等值线
    ;res@cnLineColor          = colors(i)
    res@cnLineDashPattern     = dash(i)
    plots(i) = gsn_csm_contour(wks,x(i * 3,{500},:,:),res) ;绘制 4/
        7/10 月的 500 hPa 位势高度场,调用的绘图函数中不可含有"_map"
    overlay(plot_base,plots(i)) ; 全部叠加至 plot_base 上
end do
draw(plot_base)
frame(wks)
end
```

Monthly Long Term Geopotential Heights on Pressure Levels   m

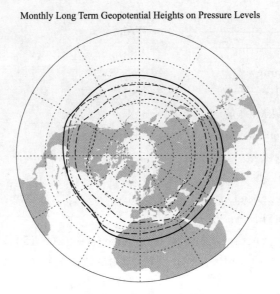

图 7.57　通过 overlay 叠加的多根等值线图

7.15.3　等值线及箭头的叠加

这里给出水平方向上的矢量场与标量场的叠加,垂直方向上的叠加可参考
7.13.2节。

NCL_overlay_cn_vc. ncl(图 7.58):

```
begin
;--- 读取 500hPa 的 u,v,t 数据
  f      = addfile("../data/uvt. nc","r")
  level = f->lev
  u      = f->U(0,{500},:,:)
  v      = f->V(0,{500},:,:)
  t      = f->T(0,{500},:,:)
  wks = gsn_open_wks("eps","overlay_cn_vc")
  res                     = True
  res@gsnDraw             = False
  res@gsnFrame            = False
```

```
res@pmTickMarkDisplayMode    = "Always"
res@gsnLeftString            = ""
res@gsnRightString           = ""

;--首先绘制地图作为底图
mpres                        = res    ; 复制 res
mpres@mpOutlineOn            = True
map                          = gsn_csm_map(wks,mpres)

;--再绘制矢量图
res_vc                       = res              ; 复制 res
res_vc@vcLineArrowThicknessF = 2.
res_vc@vcMinDistanceF        = 0.03
res_vc@vcRefLengthF          = 0.03
res_vc@vcRefAnnoOn           = True
res_vc@vcRefMagnitudeF       = 30
res_vc@vcRefAnnoSide         = "Top"
vector = gsn_csm_vector(wks,u,v,res_vc)         ; 不含地图
overlay(map,vector)                             ; 叠加至地图上

;--最后绘制等值线图
cnres                        = res              ; 复制 res
cnres@cnLinesOn              = True
cnres@cnLevelSelectionMode   = "ManualLevels"
cnres@cnMinLevelValF         = 230.
cnres@cnMaxLevelValF         = 265.
cnres@cnLevelSpacingF        = 5
contour = gsn_csm_contour(wks,t,cnres)          ; 不含地图
overlay(map,contour)                            ; 叠加至地图上

draw(map); 所有图形已叠加至地图上
frame(wks)
end
```

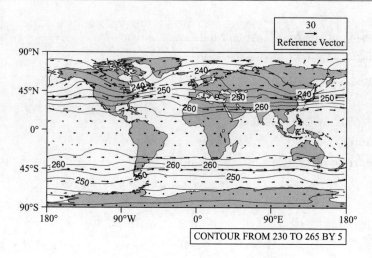

图 7.58　叠加在地图上的等值线和矢量图

　　实际上,上例也可通过一个绘图函数 gsn_csm_vector_scalar_map 实现等值线图和矢量图的叠加,该函数的用法可参考 NCL 官网或《NCL 数据处理与绘图实习教程》(施宁等,2017)。

7.15.4　不同分辨率图形的叠加

　　下例给出在一幅地图中绘制两种网格分辨率的数据(图 7.59)。

NUG_grid_resolution_comparison. ncl:

```
begin
   lon0     = 0.0
   lon1     = 53.0
   lat0     = 0.0
   lat1     = 38.0
   border1  = 10.0
   border2  = 20.0
   diri     = " $ NCARG_ROOT/lib/ncarg/data/nug/"
   fil1     = "orog_mod1_rectilinear_grid_2D. nc"
   fil2     = "orog_mod3_rectilinear_grid_2D. nc"
   msk1     = "sftlf_mod1_rectilinear_grid_2D. nc"
```

```
msk2      = "sftlf_mod3_rectilinear_grid_2D. nc"
file_1    = addfile(diri+fil1,"r")
mask_1 = addfile(diri+msk1,"r")
file_2    = addfile(diri+fil2,"r")
mask_2 = addfile(diri+msk2,"r")
;--第一个文件
variable1 = file_1->orog
lsm1    = mask_1->sftlf
lsm1    = lsm1/100
 ;-屏蔽海洋上的数据
land_only1 = variable1  ; 创建变量 land_only1,并复制 variable1 的元
   数据及数值
land_only1 = where(lsm1. gt. 0. 5,variable1,variable1@_FillValue)
   ; lsm1大于 0. 5 的位置上返回 variable1 值至 land_only1,否则返回
   variable1 缺省值


;--第二个文件
variable2   = file_2->orog(0,{lat0:lat1-border2},{lon0+border2:
   lon1})
variable2&rlat@units   = "degrees_north"
variable2&rlon@units   = "degrees_east"
lsm2  = mask_2->sftlf(0,{lat0:lat1-border2},{lon0+border2:
   lon1})
 ;-屏蔽海洋上的数据
land_only2 = variable2 ; 创建变量 land_only2,并复制 variable2 的元数据
   及数值
land_only2 = where(lsm2. gt. 0. 5,variable2,variable2@_FillValue)
   ; lsm2大于 0. 5 的位置上返回 variable2 值至 land_only2,否则返回
   variable1 缺省值


wks = gsn_open_wks("eps","NUG_grid_resolution_comparison")
gsn_define_colormap(wks,"OceanLakeLandSnow")
```

```
;--设置所有图的绘图参数
  cnres                        = True
  cnres@gsnDraw                = False
  cnres@gsnFrame               = False
  cnres@cnInfoLabelOn          = False
  cnres@cnLinesOn              = False                 ;关闭等值线
  cnres@cnLineLabelsOn         = False                 ;关闭等值线数值标签
  cnres@cnLevelSelectionMode   = "ManualLevels"        ;手动设置等值线
  cnres@cnMinLevelValF         = 0.                    ;最小等值线值
  cnres@cnMaxLevelValF         = 3000.                 ;最大等值线值
  cnres@cnLevelSpacingF        = 25                    ;等值线数值间隔
  cnres@cnFillOn               = True                  ;颜色或图形填充等值线
  cnres@cnFillMode             = "RasterFill"          ;填充方式
  cnres@cnMissingValFillColor  = "white"               ;缺省值区域填色
  cnres@lbLabelBarOn           = True                  ;绘制色标
  cnres@lbLabelStride          = 10                    ;色标标签间隔数
  cnres@lbOrientation          = "Vertical"            ;色标垂直放置(默认值:
    水平)

;--- 设置第一幅图(map)参数
  res = cnres
  res@mpDataBaseVersion        = "MediumRes"  ;中等分辨率地图
  res@mpProjection = "CylindricalEquidistant" ;等距圆柱投影
  res@mpLimitMode              = "Corners"    ;指定投影区域范围
  res@mpLeftCornerLonF         = lon0         ;指定最左边的经度
  res@mpRightCornerLonF        = lon1         ;指定最右边的经度
  res@mpLeftCornerLatF         = lat0         ;指定最左边的纬度
  res@mpRightCornerLatF        = lat1         ;指定最右边的纬度
  res@pmTickMarkDisplayMode    = "Always"     ;坐标轴标签上添加符
    号度
  res@lbLabelBarOn             = True         ;绘制色标
  res@lbBoxLinesOn             = False        ;不绘制色标边框
  res@gsnAddCyclic             = True         ;地图数据为循环数据
```

```
  map = gsn_csm_contour_map(wks, land_only1, res)

;--第二幅图
  res2 = cnres
  res2@gsnLeftString   = ""
  res2@gsnRightString  = ""
  plot2 = gsn_csm_contour(wks, land_only2, res2)
  overlay(map,plot2) ;叠加至 map 上


;--在 plot2 周围画一个边框
  lnres2                    = True
  lnres2@gsLineThicknessF   = 5.0
  lnres2@gsLineColor        = "Black"
  ypts2 = (/ lat0, lat0, lat1－border2, lat1－border2, lat0/)
  xpts2 = (/ lon0＋border2, lon1, lon1, lon0＋border2, lon0＋bor-
    der2/)
  dum2 = gsn_add_polyline(wks,map,xpts2,ypts2,lnres2)
  draw(map) ;绘制地图(也绘制叠加在其上的所有图形元素)


;--地图(map)上添加字符串
  txres                      = True
  txres@txFontHeightF        = 0.02       ;字体大小
  txres@txFontColor          = "Black"    ;字体颜色
  txres@txBackgroundFillColor = "White"   ;字符串框背景填充颜色
  txres@txPerimOn            = True       ;绘制字符串边框
  gsn_text_ndc(wks,"1.875 ~S~o~N~ GCM", 0.200, 0.730, txres)
  gsn_text_ndc(wks,"0.220 ~S~o~N~ RCM", 0.470, 0.460, txres)


  frame(wks) ;翻页
end
```

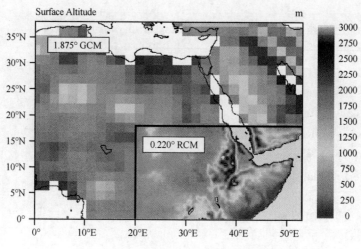

图 7.59　不同分辨率地图的叠加(附彩图)

7.16　组图(panel)

在一页中按一定的顺序排列的多幅图称为组图,构成组图的每幅图形称为子图。通常有两种方法绘制组图,一是在绘制每幅子图时利用绘图函数 vpXF、vpYF、vp-WidthF、vpHeightF 指定其在页面中的位置和大小,该方法通常用于组合不同视图大小的子图;二是利用程序 gsn_panel 将各子图按一定的方式排列在一幅图中,这要求各子图的视图大小一致。本节仅介绍第二种绘制方法。通常而言,程序 gsn_panel 将依次从页面的左到右和从上到下的顺序绘制各子图。但用户可控制每行、每列绘制的子图数目。下例给出了六幅时间—经度(Hovmueller)图的组图绘制方法,六幅图共用一个色标和标题(图 7.60)。

NCL_panel. ncl:

```
begin
    f      = addfile (" $ NCARG_ROOT/lib/ncarg/data/cdf/chi200_ud_
    smooth. nc", "r")
    chi    = f->CHI       ; [time | 182] × [lon | 128]
    chi    = chi/1. e6
    wks    = gsn_open_wks ("eps","panel")
    plot   = new(6, graphic)
```

```
hres                        = True
hres@gsnDraw                = False
hres@gsnFrame               = False
hres@gsnLeftString          = ""
hres@gsnRightString         = ""
hres@cnFillOn               = True
hres@cnFillPalette          = "BlueWhiteOrangeRed"
hres@lbLabelBarOn           = False    ;关闭每幅图的色标
;--每幅子图设置相同的等值线,以采用共用色板
hres@cnLevelSelectionMode   = "ManualLevels"
hres@cnMinLevelValF         = -10.
hres@cnMaxLevelValF         = 10.
hres@cnLevelSpacingF        = 2.5
hres@cnLineLabelsOn         = False
hres@cnInfoLabelOn          = False
;--指定坐标标签
hres@tmXBMode   = "Explicit"
hres@tmXBValues = (/0,30,60,90,120/)
hres@tmXBLabels = (/"0","30~S~o~N~E","60~S~o~N~
    E","90~S~o~N~E","120~S~o~N~E"/)
;--循环绘制 5 幅时间—经度图
lon_w   = 0
lon_e   = 80
do iplot = 0,5
    plot(iplot) = gsn_csm_hov(wks,chi(:,{lon_w:lon_e}),hres)
    plot(iplot) = ColorNegDashZeroPosContour(plot(iplot),"black",
        "transparent","black")
    lon_w = lon_w + 10 ;每次绘制的区域西边界向东移动 10 个经度
    lon_e = lon_e + 10 ;每次绘制的区域东边界向东移动 10 个经度
end do
```

```
pres                        = True
pres@txString               = "Velocity Potential（m～S～2～N～/s）"
pres@txFontHeightF          = 0.02
;pres@gsnPanelCenter        = True        ；居中对齐每行图形，True 为默认值
pres@gsnPanelLabelBar       = True        ；共用一个色标
pres@gsnPanelFigureStrings = (/"(a)","(b)","(c)","(d)","(e)","
   (f)"/)
pres@gsnPanelFigureStringsFontHeightF = 0.01
pres@amJust = "topLeft" ；序号放至图形左上方
gsn_panel(wks,plot,(/2,3/),pres) ；2 行 X3 列排列
end
```

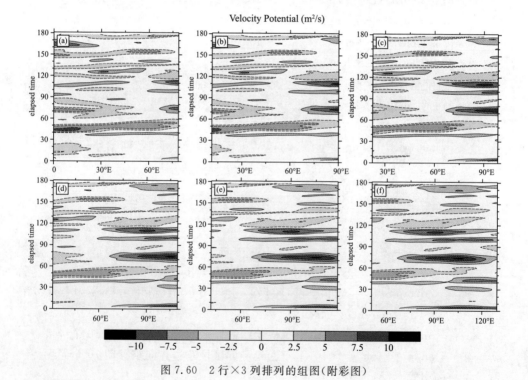

图 7.60　2 行×3 列排列的组图（附彩图）

还需说明三点：

（1）如将上例中 gsn_panel 的第三个参数改为(/3,2/)，则 6 幅图按 3 行×2 列排列；

(2)如仅绘制 5 幅子图,但仍设定(/2,3/)的排列方式,则 5 幅子图将按照第一行 3 幅、第二行 2 幅图的方式排列;

(3)如在脚本中添加 pres@gsnPanelRowSpec = True,则表示手动指定每行子图的绘制个数,此时 gsn_panel 的第三个参数须设定每行子图个数,如 gsn_panel (wks,plot,(/3,1,2/),pres)表示第一行至第三行分别绘制三幅子图、一副子图和两幅子图。

7.17 曲线网格及非结构网格

曲线网格点的地理位置(图 6.1b)是由二维的纬度和二维的经度数组指定的。卫星资料、WRF 模式的输出资料通常会采用曲线网格。而非结构网格通常为分布在不规则的点或单元上的网格(图 6.1c),指明其纬度和经度的数组是一维数组。

有两种方法绘制曲线网格或非结构网格上的变量场。一是将二维的经度和纬度数组以属性的形式"lon2d"和"lat2d"添加至变量中。如果数据仅覆盖部分区域而非全球,则须设置 gsnAddCyclic 为 False,表示不绘制循环点。二是设置绘图参数 sfXArray 和 sfYArray 分别为二维的经度和二维的纬度数组(可参考 6.4 节 NUG_regrid_unstructured_to_rectilinear_bilinear_wgts_ESMF.ncl 中的绘图代码部分)。整体而言,第一种方法较好,因为第二种方法不能识别绘图参数 gsnAddCyclic。

NUG_bipolar_grid_MPI-ESM.ncl 给出了第一种绘图方法(图 7.61)。

```
begin
  f = addfile(" $ NCARG_ROOT/lib/ncarg/data/nug/tos_ocean_bipolar
    _grid.nc", "r")
  var            = f->tos(0,:,:)
  var@lat2d   = f-> lat
  var@lon2d   = f-> lon
  wks =gsn_open_wks("eps","curvilinear_1")
  res                  = True
  res@gsnAddCyclic   = False
  res@pmTickMarkDisplayMode = "Always"
  res@mpFillOn      = False
  res@tiMainString    = "Curvilinear grid: MPI-ESM (2D lat/lon arrays)"
  res@tiMainOffsetYF = −0.03
  res@cnLinesOn     = False
```

```
;--设置等值线填充的样式,见附录图 A.2
    res@cnFillOn                = True
    res@cnFillMode              = "CellFill"      ;网格填充
    res@cnFillPalette           = "rainbow"
    res@cnCellFillEdgeColor     = "transparent" ;格点边缘用透明色,即不
        着色
    plot = gsn_csm_contour_map(wks,var,res)
end
```

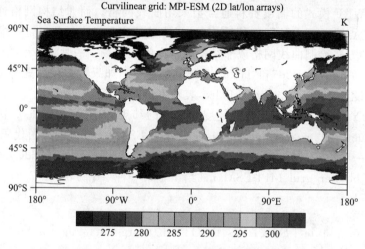

图 7.61 曲线网格的海表面温度(附彩图)

7.18 旋 转 网 格

一些数值模式采用旋转的经纬度网格,这意味着旋转了地球的两极。可通过查看变量的属性以判断该变量是否进行了旋转,例如,变量中有一个"GridType"且其值为"Rotated Latitude/Longitude",则表明为变量在旋转的经纬度网格上。旋转的信息通常存储在 NetCDF 或 GRIB 文件中,例如,名为"Longitude_of_southern_pole"和"Latitude_of_southern_pole"等的变量,或者以属性"grid_north_pole_longitude"和"grid_north_pole_latitude"的形式附加在变量上。正确绘制旋转网格的一个关键要点是用户必须知道数据所在区域的中心经度和纬度。此外,用户通常还须设定绘图参数 mpLimitMode="Corners"以及同时使用如下四个绘图参数:mpLeft-

CornerLatF，mpLeftCornerLonF，mpRightCornerLatF 和 mpRightCornerLonF，用以说明地图上相对的两个角点的位置。

7.18.1　在原网格(native grid)上绘图

下例首先从 GRIB2 文件读取位于旋转经纬网格上的变量，绘制了两幅等值线图。地图投影信息以变量"gridlat_0"和"gridlon_0"的形式存在于文件中。该信息用于绘制原投影图。第一幅图（图 7.62 左）中将绘图参数 tfDoNDCOverlay 设置为 True，这使 NCL 按原投影绘制，不进行投影转换。第二幅图（图 7.62 右）则将绘图参数 tfDoNDCOverlay 设置为 False，将同样的数据绘制在另一投影上，其中绘图参数 sfXArray 和 sfYArray 须分别设置为变量的经度和纬度值。

NCL_rotatedltln.ncl：

```
begin
  f1 = addfile("$NCARG_ROOT/lib/ncarg/data/grb/MET9_IR108_
    cosmode_0909210000.grb2","r")
  sbt = f1->SBTMP_P31_GRLL0

  lat2d = f1->gridlat_0
  lon2d = f1->gridlon_0
  nlat = dimsizes(lat2d(:,0))
  nlon = dimsizes(lon2d(0,:))

  wks = gsn_open_wks("ps", "rotatedltln")


  res                          = True
  res@pmTickMarkDisplayMode    = "conditional"  ;可绘制漂亮的坐标
    刻度
  res@gsnAddCyclic             = False
  res@gsnRightString           = ""

  res@mpDataBaseVersion        = "MediumRes";中等分辨率地图
  res@mpOutlineBoundarySets    = "National"    ;绘制国界
```

```
res@cnFillOn           = True
res@cnLinesOn          = False
res@cnLineLabelsOn     = False
res@cnFillPalette      = "BlGrYeOrReVi200"


;-因为该数据的 Y 轴是从北往南,需要反转 Y 轴,以正确绘制其"原"
  投影
res@trYReverse         = True


;--地图范围
res@mpLimitMode        = "Corners"
res@mpLeftCornerLatF   = lat2d(nlat-1,0)
res@mpLeftCornerLonF   = lon2d(nlat-1,0)
res@mpRightCornerLatF  = lat2d(0,nlon-1)
res@mpRightCornerLonF  = lon2d(0,nlon-1)


;--转换图形的中心经纬度
res@mpCenterLonF       = lon2d@Longitude_of_southern_pole
res@mpCenterLatF       = lon2d@Latitude_of_southern_pole + 90


;-将 tfDoNDCOverlay 设置为 True 表示已指定数据的准确投影,无投影
  转换
res@tfDoNDCOverlay     = True


res@tiMainString       = "Native rotated lat/lon Projection"
plot = gsn_csm_contour_map(wks,sbt,res)


;--在另一地图投影上绘制这些等值线,需二维(未旋转)经纬坐标
res@tfDoNDCOverlay     = False        ;数据转换为标准的经/纬度
  网格
```

```
    res@sfXArray                = lon2d
    res@sfYArray                = lat2d

;--扩大地图范围
    res@mpLimitMode             = "Corners"
    res@mpLeftCornerLatF        = lat2d(nlat−1,0) − 5
    res@mpLeftCornerLonF        = lon2d(0,0) −5
    res@mpRightCornerLatF       = lat2d(0,nlon−1) + 5
    res@mpRightCornerLonF       = lon2d(nlat−1,nlon−1) + 5
    res@mpCenterLatF            = 0        ;对于"Corners"而言,当该值为0
    时,表示采用常规经纬度图

    res@tiMainString            = "Rotated data in standard lat/lon projec-
    tion"
    plot = gsn_csm_contour_map(wks,sbt,res)
end
```

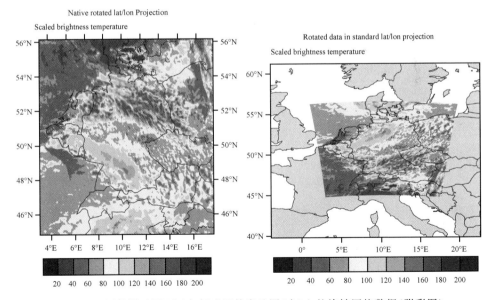

图 7.62 原投影地图(左)与标准经纬度地图(右)上的旋转网格数据(附彩图)

实际上,读者也可采用 7.17 节关于曲线网格的绘制方法得到与图 7.62 中右图一致的图形,这里不再赘述。

7.18.2　转换旋转网格至非旋转经纬度网格

绘制旋转网格的另一种方法是将旋转网格转换至非旋转网格后再绘图。下例编写了转换子程序,它可根据输入的纬度和经度数组和旋转信息创建二维的纬度和经度数组,绘图最终采用了 Orthographic(正形)投影方式(图 7.63)。

NUG_plot_rotated_grid.ncl:

```
;---设置全域变量
   deg2rad   = get_d2r("float")  ;以浮点型数据返回单位角度所对应的弧
      度,即 pi/180
   rad2deg   = get_r2d("float")  ;以浮点型数据返回单位弧度所对应的角
      度,即 180/pi
   fillval   = -99999.9
;--函数:unrot_lon(rotlat,rotlon,pollat,pollon)
;--功能描述:将旋转经度转换为(非旋转)经度
   undef("unrot_lon")
   function unrot_lon( rotlat:numeric, rotlon:numeric, pollat[1]:numer-
      ic, pollon[1]:numeric )
   localrotlat, rotlon, nrlat, nrlon, nrlat_rank, nrlon_rank, pollon, pollat,
      lon, s1, c1, s2, c2, rlo, rla, i, tmp1, tmp2
begin
   lon = fillval
   lon@_FillValue = fillval
   nrlat       = dimsizes(rotlat)
   nrlon       = dimsizes(rotlon)
   nrlat_rank  = dimsizes(nrlat)
   nrlon_rank  = dimsizes(nrlon)
   if (any(nrlat. ne. nrlon). and. (nrlat_rank. ne. 1. or. nrlon_rank. ne.
      1)) then
         print("Function unrot_lon: unrot_lon: rotlat and rotlon dimen-
            sions do not match")
```

```
    return(lon)
  end if
  if (nrlat_rank. eq. 1 . and. nrlon_rank. eq. 1) then  ; 如果经度和纬度均
    为一维数组
    rla = conform_dims((/nrlat,nrlon/),rotlat,0)  ; 扩展至二维数组
    rlo = conform_dims((/nrlat,nrlon/),rotlon,1)  ; 扩展至二维数组
  else
    rla = rotlat
    rlo = rotlon
  end if
  rla = rla * deg2rad                            ; 将度转为弧度
  rlo = rlo * deg2rad                            ; 将度转为弧度
  lon := (/rlo/)                                 ; 重新赋值 lon
  lon@_FillValue=fillval
  s1 = sin(pollat * deg2rad)
  c1 = cos(pollat * deg2rad)
  s2 = sin(pollon * deg2rad)
  c2 = cos(pollon * deg2rad)
  tmp1= s2 * (−s1 * cos(rlo) * cos(rla)+c1 * sin(rla))−c2 * sin(rlo)
    * cos(rla)
  tmp2= c2 * (−s1 * cos(rlo) * cos(rla)+c1 * sin(rla))+s2 * sin(rlo)
    * cos(rla)
  lon= atan(tmp1/tmp2) * rad2deg
  lon@units = "degrees_east"
  print("Function unrot_lon: min/max    "+sprintf("%8.4f",\
        min(lon(0,:)))+"   "+sprintf("%8.4f", max(lon(0,:))))
  delete([/rlo,rlo,c1,s1,c2,s2,tmp1,tmp2/])
  return(lon)
end
;--函数:unrot_lat(rotlat,rotlon,pollat,pollon)
;--功能描述:将旋转纬度转换为(非旋转)纬度
```

```
undef("unrot_lat")
function unrot_lat(rotlat:numeric, rotlon:numeric,\
                  pollat[1]:numeric, pollon[1]:numeric)
local rotlat,rotlon,nrlat,nrlon,nrlat_rank,nrlon_rank,pollon,pollat, lat,
  s1, c1, rlo, rla, i
begin
  lat = fillval
  lat@_FillValue = fillval
  nrlat       = dimsizes(rotlat)
  nrlon       = dimsizes(rotlon)
  nrlat_rank = dimsizes(nrlat)
  nrlon_rank = dimsizes(nrlon)
  if (any(nrlat. ne. nrlon). and. (nrlat_rank. ne. 1 . or. nrlon_rank. ne.
    1)) then
    print("Function unrot_lat: rotlat and rotlon dimensions do not
      match")
    return(lat)
  end if
  if (nrlat_rank. eq. 1 . and. nrlon_rank. eq. 1) then    ;如果经度和纬度
    均为一维数组
    rla = conform_dims((/nrlat,nrlon/),rotlat,0)    ;扩展至二维数组
    rlo = conform_dims((/nrlat,nrlon/),rotlon,1)    ;扩展至二维数组
  else
    rla = rotlat
    rlo = rotlon
  end if
    rla = rla * deg2rad
    rlo = rlo * deg2rad
  lat := (/rla/)
  lat@_FillValue=fillval
```

```
s1    = sin(pollat * deg2rad)
c1    = cos(pollat * deg2rad)
lat   = s1 * sin(rla)＋c1 * cos(rla) * cos(rlo)
lat   = asin(lat) * rad2deg
lat@units = "degrees_north"
print("Function unrot_lat: min/max    "＋sprintf("%8.4f",\
        min(lat(:,0)))＋"  "＋sprintf("%8.4f", max(lat(:,0))))
delete([/rlo,rla,c1,s1/])
return(lat)
end


;--------------主程序--------------
begin
diri    = "$NCARG_ROOT/lib/ncarg/data/nug/"
  fili  = "tas_rotated_grid_EUR11.nc"
  f     = addfile(diri＋fili,"r")
  var   = f->tas
  rlat  = f->rlat
  rlon  = f->rlon
  rotpole= f->rotated_pole
  pollat = rotpole@grid_north_pole_latitude
  pollon= rotpole@grid_north_pole_longitude
;--转换为二维的非旋转经纬度网格
  var@lon2d = unrot_lon(rlat, rlon, pollat, pollon)
  var@lat2d = unrot_lat(rlat, rlon, pollat, pollon)
;--变量有效区域的最大、最小经纬度
  minlat = min(var@lat2d)
  minlon= min(var@lon2d)
  maxlat = max(var@lat2d)
  maxlon= max(var@lon2d)
```

```
;--输出图形
  wks = gsn_open_wks("eps","NUG_plot_rotated_grid")
  res                         = True
  res@gsnFrame                = False
  res@gsnAddCyclic            = False
  res@pmTickMarkDisplayMode   = "Always"
  ;地图的范围
  res@mpMinLatF               = minlat − 1.
  res@mpMaxLatF               = maxlat + 1.
  res@mpMinLonF               = minlon − 1.
  res@mpMaxLonF               = maxlon + 1.
  res@mpGridAndLimbOn         = True
  res@cnFillOn                = True
  res@cnLinesOn               = False
  res@cnFillPalette           = "BlueYellowRed"
  res@lbLabelBarOn            = True

  res@tiMainOffsetYF          = −0.025
  res@vpWidthF                = 0.6
  res@vpHeightF               = 0.48

;--创建第一幅图
  res@vpXF                    = 0.12
  res@vpYF                    = 1.02
  res@tiMainString            = "NCL Doc：rotated grid"
  plot1 = gsn_csm_contour_map(wks,var(0,0,:,:,:),res)
                                              ; 使用自定义投影 (CE)
;--创建第二幅图
  delete(res@tiMainString)                    ; 删除图题
  res@vpXF                    = 0.15
  res@vpYF                    = 0.493
  res@mpPerimOn               = False
```

```
    res@mpProjection = "Orthographic"    ;改变投影方式

    res@mpLimitMode        = "LatLon"    ;为"LatLon"时,它将由以
        下6个绘图参数设定绘制的区域范围
    res@mpCenterLatF       = minlat+(maxlat-minlat)/2 ;(1)正形投
        影的中心纬度
    res@mpCenterLonF       = minlon+(maxlon-minlon)/2 ;(2)正形
        投影的中心经度
    res@mpMinLatF          = minlat - 1.  ;(3)正形投影的最小纬度
    res@mpMaxLatF          = maxlat + 1.  ;(4)正形投影的最大纬度
    res@mpMinLonF          = minlon - 1.  ;(5)正形投影的最小经度
    res@mpMaxLonF          = maxlon + 1.  ;(6)正形投影的最大经度

    res@lbOrientation      = "vertical"
    res@lbLabelStride      = 2
    res@lbLabelPosition    = "Left"
    res@pmLabelBarOrthogonalPosF = -1.37
    plot2 = gsn_csm_contour_map(wks,var(0,0,:,:),res)
;--添加文本
    txres                  = True
    txres@txFontHeightF = 0.016
    txres@txJust           = "CenterLeft"   ;文本对齐的位置
    gsn_text_ndc(wks,"Projection:~C~Cylindrical Equidistant", 0.74,
        0.92, txres)
    gsn_text_ndc(wks,"Projection:~C~Orthographic", 0.77, 0.44,
        txres)

    frame(wks) ;翻页
end
```

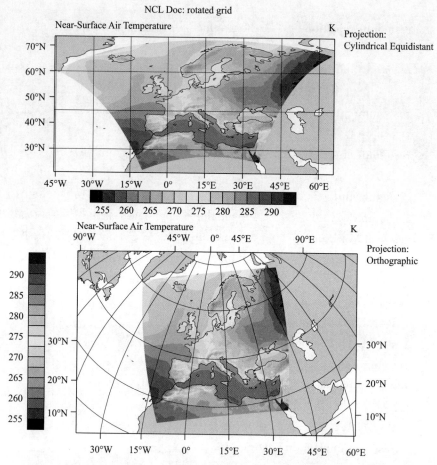

图 7.63　原投影地图(上)与正形投影地图(下)上的旋转网格数据(附彩图)

7.19　不规则区域内绘图

利用 Shapefile 文件可在不规则区域内制图。Shapefiles 是一种流行的地理空间矢量数据格式。它包含的点、线和多边形可代表河流、湖泊、国家、县、城市人口、著名地标的位置等信息。

在以下网址中可找到一些有用的 Shapefiles 数据集:

```
http://www.gadm.org/
http://www.nws.noaa.gov/geodata/
http://www.geodatenzentrum.de/geodaten/gdz_rahmen.gdz_div
```

为便于使用 shapefile 文件添加点、线或多边形，NCL 提供了几个绘图函数：

```
gsn_add_shapefile_polymarkers(wks, plot, filename, resource)
gsn_add_shapefile_polylines(wks, plot, filename, resource)
gsn_add_shapefile_polygons(wks, plot, filename, resource)
```

脚本 NCL_shapefile.ncl 绘制了密西西比河流域的 1979 年 1 月距地面 2 m 高处气温（图 7.64），资料为 1°×1° 的 ERA-interim 再分析资料（Dee 等，2011）：

```
load "$NCARG_ROOT/lib/ncarg/nclscripts/csm/shapefile_utils.ncl" ;
    该库文件可从 http://www.ncl.ucar.edu/Applications/Scripts/上
    下载
begin
  f    = addfile("../data/T2m.nc","r")
  var  = short2flt(f->t2m(0,:,:))   ; [25°-55°N,240°-285°E]范围
      内 1979 年 1 月距地面 2 m 高处气温
  var := lonFlip(var) ; 须将经度范围转换为[-120,-75]，否则下列函
      数 shapefile_mask_data 不能正确创建遮盖数据

;--创建遮盖数据
  shp_filename = "$NCARG_ROOT/lib/ncarg/data/shp/mrb.shp"
      ; 密西西比河流域的 shapefile 文件，该文件中的经度是用负值表示西
      经，如-100 度表示西经 100 度或东经 260 度
  var_mask     = shapefile_mask_data(var,shp_filename,False) ; 创建
      遮盖后的数据，参数 False 表示按默认方式创建

  plot = new(2,graphic)
  wks = gsn_open_wks("eps","shapefile")
```

```
res                          = True
res@pmTickMarkDisplayMode    = "Always"
res@gsnDraw                  = False
res@gsnFrame                 = False
res@mpMinLatF                = 25
res@mpMaxLatF                = 55
res@mpMinLonF                = -120
res@mpMaxLonF                = -75

res@cnLevelSpacingF          = 2
res@cnLineLabelPlacementMode = "Computed"
;--绘制等值线图
res@tiMainString             = "Mississippi River Basin with full
  data"
plot(0) = gsn_csm_contour_map(wks,var,res)
res@tiMainString = "Mississippi River Basin with masked data"
plot(1) = gsn_csm_contour_map(wks,var_mask,res)

;-- 分别为 plot(0)和 plot(1)绘制密西西比河流域边界线
lnres                    = True
lnres@gsLineThicknessF   = 3.0
line_data =gsn_add_shapefile_polylines(wks, plot(0), shp_filename,
  lnres)
line_mask =gsn_add_shapefile_polylines(wks, plot(1), shp_filename,
  lnres)

gsn_panel(wks,plot,(/1,2/),False) ; 组图
end
```

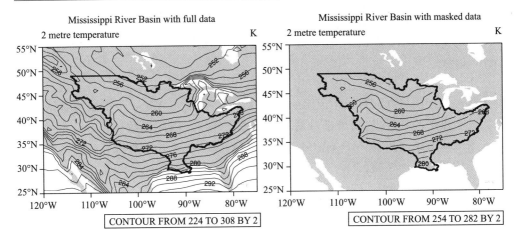

图 7.64　使用 shapefile 文件绘制的密西西比河流域距地面 2 米高处的气温(单位:K)

7.20　中国台站资料

利用中国境内的台站资料,仅在中国境内绘制变量要素有两种绘制方法:一是利用中国国界 shapefile 文件进行绘制(因涉及版权问题,本书不提供),具体的做法可参照 7.19 节;二是设置 NCL 的遮盖绘图参数 mpAreaMaskingOn、mpMaskAreaSpecifiers 等。本节仅介绍第二种方法。

脚本 plot-china-station.ncl 首先将 839 个站的 7 月日平均气温算出其月平均气温,并在中国境内绘制气温图(图 7.65)。台站资料为国家气象科学数据共享服务平台提供的 2016 年 7 月中国 839 个台站的逐日气温资料 temp-839-201607.txt,该文档的前 5 行内容如下所示:

```
50136 5258 12231  4385 2016  7  1    149    208    90 0 0 0
50136 5258 12231  4385 2016  7  2    165    246    82 0 0 0
50136 5258 12231  4385 2016  7  3    191    295    112 0 0 0
50136 5258 12231  4385 2016  7  4    214    283    119 0 0 0
50136 5258 12231  4385 2016  7  5    196    289    101 0 0 0
```

其第 2 列和第 3 列除以 100 后为台站的纬度和经度,第 8 列为站点的日平均气温。第 1 至 31 行是站号为 50136 的台站的 7 月逐日气温资料,第 32 至 62 行是站号为 50246 的台站的 7 月逐日气温资料。以此类推,第 25979 至 26009 行是站号为 59981 的台站的逐日气温资料。由于 NCL 提供的地图未给出正确的中国国界线,本例利用国家基础地理信息中心提供的中国国界 shapefile 文件以绘制正确的中国国界线。图中的长江与黄河数据采用了由南京信息工程大学郭品文教授提供的数据 2rivers. txt。

下例脚本中可选择利用函数 obj_anal_ic_Wrap 进行客观分析，以将站点资料转换为等经纬度网格点资料。须说明的是，函数 obj_anal_ic_Wrap 可得到所有站点范围以外格点上的数值，这相当于对站点资料进行外插。因此函数 obj_anal_ic_Wrap 不同于 6.4 节中函数 ESMF_regrid 进行的内插转换，后者并不对所有站点范围以外格点上的数值进行外插。

plot-china-station. ncl：

```
begin
regrid = False ; 若为 True,则进行客观分析

;--1,读入 2016 年 7 月中国 839 个台站逐日地表气温
    temp= asciiread(".../data/temp-839-201607. txt",-1,"integer")   ; 全
        部读入为一维数组
    var = reshape(temp,(/839,31,13/))              ; 转换为 839 站 X31 天
        X13 列
    var@_FillValue = 32766

    val_mon    = dim_avg_n(var(:,:,7),1)/10.   ; 计算 839 站的月平均气温
    lat_stat   = var(:,0,1)/100.               ; 每个站点的纬度
    lon_stat   = var(:,0,2)/100.               ; 每个站点的经度

;--2,若进行客观分析,则将台站资料插值至等经纬度网格点上
    if(regrid)
        delta = 0.5  ; 网格距
        lon_s = 70
        lon_e = 140
        lat_s = 15
        lat_e = 55
```

```
nlat  = ceil((lat_e-lat_s)/delta) + 1   ; 29
nlon  = ceil((lon_e-lon_s)/delta) + 1   ; 21
glat  = fspan(lat_s,lat_e,toint(nlat))
glon  = fspan(lon_s,lon_e,toint(nlon))
;-设定经纬度的单位
glon!0            = "lon"
glon@long_name  = "longitude"
glon@units       = "degree_east"
glat!0            = "lat"
glat@long_name  = "latitude"
glat@units       = "degree_north"
;客观分析
rscan=(/5.,2.5,1/) ; 不超过 10 个数,通常 1 至 4 个数。数值依次
   递减,表示每次迭代分析的半径(单位为度)
val_mon := obj_anal_ic_Wrap(lon_stat,lat_stat,val_mon,glon,glat,
   rscan,False); creanm 插值;creanm 插值
end if


;--3,图形文件设置
plot  = new(1,"graphic")
plot2 = new(1,"graphic")


wks   = gsn_open_wks("eps","plot-china-station")
gsn_define_colormap(wks,"testcmap")


;--4,首先绘制中国区域内的变量
res=True
res@gsnDraw          = False
res@gsnFrame         = False
res@gsnAddCyclic     = False
```

```
res@cnFillOn              = True
res@cnLineColor           = "white"
res@cnLineThicknessF      = 0.5
res@cnFillDrawOrder       = "PreDraw"
res@cnLineDrawOrder       = "PreDraw"

res@cnLevelSelectionMode  = "ManualLevels"
res@cnMinLevelValF        = 8
res@cnMaxLevelValF        = 36
res@cnLevelSpacingF       = 2
```

if(.not. regrid)　;若不进行客观分析,则通过属性 lon2d 和 lat2d 设定
　变量的经纬度信息
```
    val_mon@lon2d = lon_stat
    val_mon@lat2d = lat_stat
```
end if

```
res@mpDataBaseVersion     = "Ncarg4_1"
res@mpDataSetName         = "Earth..4"

res@mpFillOn              = True   ;必须设置为 True
res@mpOceanFillColor      = 0
res@mpInlandWaterFillColor = 0
res@mpLandFillColor       = 0
res@mpAreaMaskingOn       = True
res@mpMaskAreaSpecifiers  = (/"China","Taiwan","Arunachal
```
　Pradesh","Disputed area between India and China"/)　;这才是正确
　的中国陆地领土范围
```
res@mpOutlineOn           = False   ;不绘制国界线,后面将通
```
　过 shapefile 文件绘制正确的国界线

re = res　;复制上述 res 属性,为绘制南海地区做准备

```
res@mpMinLatF              = 15
res@mpMaxLatF              = 60
res@mpMinLonF              = 70
res@mpMaxLonF              = 140
res@mpGridAndLimbOn        = True
res@mpGridLineColor        = "black"
res@mpGridLatSpacingF      = 5
res@mpGridLonSpacingF      = 5
res@mpGridLineDashPattern  = 16
res@mpGridLineThicknessF   = 0.2
res@gsnMajorLonSpacing     = 5


;--设置坐标标签
res@tmXBMode = "Explicit"
lon_value =ispan(70,140,10)
lon_lable = lon_value+"~S~o~N~E"
res@tmXBValues = lon_value
res@tmXBLabels = lon_lable
lat_value = ispan(20,60,10)
lat_lable = lat_value+"~S~o~N~N"
res@tmYLValues = lat_value
res@tmYLLabels = lat_lable


;绘图
plot = gsn_csm_contour_map(wks,val_mon,res)


;--5,若未采用客观分析,而是直接绘制,则在图形中添加各个站点的位置
if(. not. regrid)
    mres = True
    mres@gsMarkerSizeF       = 0.005    ;设定标识的大小
    mres@gsMarkerThicknessF  =.5        ;设定标识的粗细
```

```
      dum = gsn_add_polymarker(wks,plot,lon_stat,lat_stat,mres)
    end if

;--6,绘制长江、黄河及国界线
  f=addfile("../data/lonlat-2river-guo.nc","r") ;长江与黄河的经纬度
  lon_cj   = f->lon_cj
  lat_cj   = f->lat_cj
  lon_hh   = f->lon_hh
  lat_hh   = f->lat_hh


  pres                       = True
  pres@gsLineColor           = "black"
  pres@gsLineThicknessF      = 2.0
  dumhh = gsn_add_polyline(wks,plot,lon_hh,lat_hh,mres)
  dumcj = gsn_add_polyline(wks,plot,lon_cj,lat_cj,mres)


  ;通过 shapefile 文件绘制正确的中国国界线
  shp_path = "../data/shp/china.shp"
  pres@gsLineColor          = "brown"
  pres@gsLineThicknessF = 1.0
  outline_china = gsn_add_shapefile_polylines(wks,plot,shp_path,pres)


  draw(plot)


;--7,绘制南海
  ;首先在图形右下方绘制一个白色多边形
  xlon = (/130,140,140,130,130/)
  ylat = (/15,15,27.5,27.5,15/)
  reg =True
  reg@gsFillColor = "white"
  gsn_polygon(wks,plot,xlon,ylat,reg)
```

```
;再在该多边形内绘制南海区域
re@vpXF = 0.75
re@vpYF = 0.4
re@vpWidthF      = 0.1
re@vpHeightF     = 0.125

re@mpMinLatF   = 0
re@mpMaxLatF   = 25
re@mpMinLonF   = 105
re@mpMaxLonF   = 125

re@mpOutlineOn     = True       ;此时可设置为 True

re@tmXBLabelsOn   = False
re@tmXTLabelsOn   = False
re@tmYLLabelsOn   = False
re@tmYRLabelsOn   = False
re@tmXBOn = False
re@tmXTOn = False
re@tmYLOn = False
re@tmYROn = False
re@lbLabelBarOn = False

;绘制南海地区
plot2 =gsn_csm_contour_map(wks,val_mon,re)
outline_scs = gsn_add_shapefile_polylines(wks,plot2,shp_path,pres)
draw(plot2)

frame(wks)
end
```

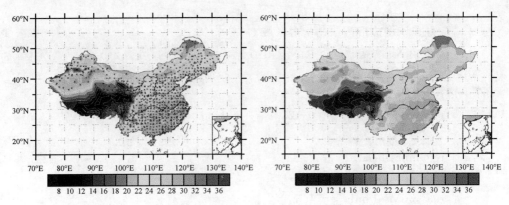

图 7.65　2016 年 7 月中国 839 站平均气温图(单位:℃)(附彩图)
(左图为直接绘制台站资料,图上黑信号表示各站点的位置,右图为使用客观分析转换成的格点资料)

图 7.65 左图是 regrid ＝ False 的输出图形,右图则为 regrid ＝ True。从左图可以看出,若直接利用台站资料绘图,由于没有台湾岛台站资料且其位置位于 839个台站的外围,所以此处无填色。类似的,在西藏、新疆西部、黑龙江东部和北部也无颜色填充。但通过客观分析将台站资料转换为格点资料后,上述问题得以解决(右图)。但须指出的是,这些(在所有站点范围之外的)格点上的数值可能存在较大的误差。

7.21　插入 logo

通过 ImageMagick 的"composite"命令,可将一个 logo 图片插入一个 PNG 或JPEG 文件中(图 7.66)。在 NCL 脚本中,必须在完成图形绘制并删除工作站标识符(workstation)后,再使用程序"system"以调用系统命令"composite",否则会出现报错信息。

NUG_insert_logo. ncl:

```
begin
npts ＝ 500
    y ＝ 500.＋sin(0.031415926535898 * ispan(0,npts-1,1))　;创建一个正
    弦函数序列


    dummy ＝ "sin. png"　　　　　　　　　;NCL 将要输出的图形名称
```

```
wks = gsn_open_wks("png",dummy)
plot = gsn_csm_y(wks,y,False)
delete(wks)                           ;必须删除

logo = "../data/ncllogoweb.jpg";要插入的 logo 图片
out = "sin+logo.jpg"                  ;输出后的图片名称(当前路径下)
system("composite-geometry 150×150+20+20 "+logo+" "+dummy
    +" "+out)

system("rm -f "+dummy)                ;--删除 NCL 输出的图片
end
```

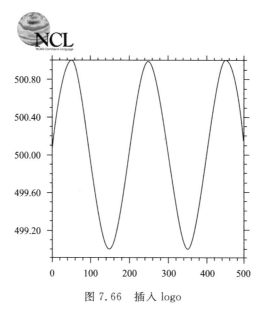

图 7.66　插入 logo

实际上,用户不一定要在 NCL 脚本中调用 composite 命令,也可在 NCL 生成图形文件后,直接在终端中输入 composite 命令:

```
composite-geometry 150x150+20+20 ../data/ncllogoweb.jpg sin.png
    sin+logo.jpg
```

7.22　动画

如果用户只是想快速查看动画，并不需要与他人共享，则可以将图形输出为 NCGM 文件（即将函数 gsn_open_wks 的第一个参数设为"ncgm"），然后使用命令 idt 查看。例如，在当前路径下创建图形文件 animate.ncgm 后，可在终端中输入如下命令：

```
idt animate.ncgm
```

它会弹出一个界面窗口，点击其上的"animate"按钮后，图形中每一帧将被加载至内存中。完成后，点击"＞＞"或"＜＜"按钮即可向前或向后播放动画。点击"delay"按钮可设定每帧的间隔以减慢或加速播放动画，或者"loop"按钮重复播放。更多 idt 内容请参阅 http://www.ncl.ucar.edu/Document/Tools/idt.shtml。

如果动画文件需要与别人共享，则利用 ImageMagick 中的"convert"命令将一个 PDF 图形文件（或一系列 PNG/EPS 图形文件）转换为动画 GIF 或 MPEG 文件。例如，

```
convert animate.pdf anim.gif
```

若将一系列 PNG 图像转换为动画 GIF，每帧之间延迟半秒（50/100），可在终端中输入：

```
convert -delay 50  *.png anim.gif
```

有关详细信息，请参阅 http://www.imagemagick.org/Usage/anim_basics/

若要转换为 MPEG 文件，需要首先从 http://www.mpeg.org/下载程序"mpeg2encode"，然后再次使用"convert"：

```
convert file.ps file.mpg
```

须指出的是，PDF 图形文件或系列 PNG/EPS 图形文件可由其他软件绘制创建。可见，命令"convert"创建动画文件的过程独立于 NCL，这与上节中介绍的命令"composite"类似。

脚本 NCL_animate.ncl 介绍了如何高效地创建动画，即通过调用程序 setvalues

仅改变每次循环中的数据和标题，而不必在"do"的每次循环中调用函数 gsn_csm_ contour_map。以下为其代码片段。

```
begin
  a    = addfile ( " $ NCARG _ ROOT/lib/ncarg/data/cdf/meccatemp.
    cdf","r")
  t    = a->t(0,:,:)   ；读取第一时次

  filename = "animate"
  wks = gsn_open_wks("pdf",filename)    ；创建多页的 pdf 文件
  gsn_define_colormap(wks,"rainbow")


  res                        = True
  res@mpFillOn               = False
  res@gsnAddCyclic           = False   ；不添加经度循环点
  res@tiMainString           = "January Global Surface Temperature （K)-
    Day 1"
  res@gsnLeftString          = ""      ；关闭左副标题
  res@gsnRightString         = ""      ；关闭右副标题


  ；每一帧中绘制相同数值的等值线
  res@cnLevelSelectionMode = "ManualLevels"
  res@cnMinLevelValF       = 195.0
  res@cnMaxLevelValF       = 328.0
  res@cnLevelSpacingF      = 2.25


  res@cnLinesOn            = False
  res@cnLineLabelsOn       = False
  res@cnFillOn             = True   ；填色等值线
  res@lbLabelAutoStride    = True
```

```
res@lbBoxLinesOn          = False      ; 由于 cnLinesOn 设为 False,这
    里设为 False 以对应


plot =gsn_csm_contour_map(wks,t,res)   ;绘制第 1 时次的图形
;--以下采用高效方式创建动画,它在绘制每一幅帧图形时,使用"setval-
    ues"仅更换数值和图题,而不重复读取其对应的元数据
ntimes = dimsizes(a->t(:,0,0))
do i =1,ntimes-1
    ;-读取绘制等值线的数据
    setvalues plot@data
      "sfDataArray" :(/a->t(i,:,:)/)
    endsetvalues


    ;-改变图形的图题
    setvalues plot
      "tiMainString" : "January Global Surface Temperature-Day " + (i
        +1)
    end setvalues


    draw(plot)   ;绘图
    frame(wks)   ;翻页


;--用户也可删除该行以上、do 循环行以下的所有代码以及 do 循环外调用
    函数 gsn_csm_contour_map 的语句,改用以下两行也可完成相同的操
    作。然而,该代码运行较慢,因为它将每次重新生成等值线图,并且在
    每次循环中读取数值和坐标变量
;res@tiMainString = "January Global Surface Temperature-Day " + (i
    +1)
;plot =gsn_csm_contour_map(wks,a->t(i,:,:),res)
  end do
```

```
delete(wks)    ;在调用"convert"前删除 wks,以确保要转换的图形文件
    已关闭

system("convert "+filename+". pdf " +filename+". gif")
end
```

脚本运行完后,当前路径下将出现 animate. pdf 和 animate. gif 文件。用户可通过图片浏览器或网络浏览器查看该 animate. gif 文件。

第 8 章   NCL 高级特性

8.1   遮盖(masking)图

遮盖图意味着要将部分图形遮盖,即仅在特定区域绘制图形。假设变量 ts 是一个二维数组,oro 是一个标记海洋、湖泊和陆地的二维数组,各维大小同 ts,数值 0 代表海洋和湖泊,1 代表陆地,2 代表海冰。下面将给出遮盖图的四种绘制方式。

(1)用函数 mask(详见 3.5.4 节)将需遮盖的数据设为缺省值,以下为 NCL_mask1.ncl 的代码片段(效果见图 8.1)。

```
land_only  = ts          ;创建与 ts 同大小的数组,同时保留 ts 的元数据
ocean_only = ts          ;创建与 ts 同大小的数组,同时保留 ts 的元数据
land_only  = mask(ts,oro,1)   ;仅返回 oro=1 格点上的 ts 值,其余为
    缺省值
ocean_only = mask(ts,oro,0)   ;仅返回 oro=0 格点上的 ts 值,其余为
    缺省值
```

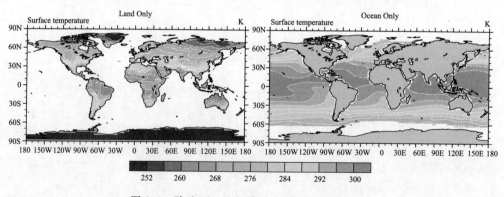

图 8.1   陆地(左)及海洋(右)地面气温(附彩图)

(2)结合使用函数 where(详见 3.5.4 节)和缺省值属性_FillValue 对变量进行筛选,效果等同于 mask。

> xLand = **where**(oro. eq. 1, ts, **ts@_FillValue**)；oro＝1 的格点上返回 ts
> 　值,其余格点上返回 ts 的缺省值
> xOcean = **where**(oro. eq. 0, ts, **ts@_FillValue**)；oro＝0 的格点上返回 ts
> 　值,其余格点上返回 ts 的缺省值

　　(3)设置地图遮盖绘图参数(如 mpAreamaskingOn、mpMaskAreaSpecifiers),可参考 7.4.4 节第二部分与 7.20 节。其中 7.4.4 节第二部分介绍了如何用不同颜色表示不同的地图区域,而 7.20 节介绍了在指定区域内绘制变量。

　　(4)改变图形元素的绘制顺序。如果设定以下绘图参数,则等值线将被地图遮盖,效果见图 8.2。

> res@cnLineDrawOrder = "Predraw" ；先画等值线,将导致地图随后
> 　绘制,最终的图形效果便是在陆地区域无等值线

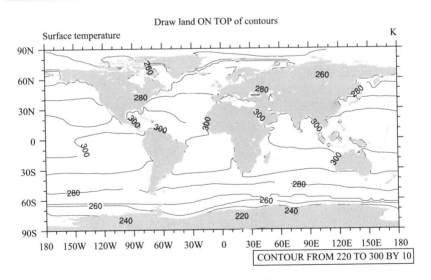

图 8.2　陆地叠加在等值线之上

　　其他可控制绘制顺序的绘图参数有:cnFillDrawOrder、cnLabelDrawOrder、mpOutlineDrawOrder、vcVectorDrawOrder、xyCurveDrawOrder,它们均有三个值:"Predraw"、"Draw"和"PostDraw",对应先画、标准画和后画。

　　更多详情请参考 NCL 官网上"遮盖图"页面 http://www.ncl.ucar.edu/Application/mask.shtml。

8.2　日期转换

　　时间有不同的存储方式：相对时间和绝对时间。NetCDF 文件中的时间通常存储为如下的相对时间格式：

```
double time(time)
time:standard_name = "time"
time:units = "days since 1949-12-01 00:00:00"
time:calendar = "standard"
```

　　可见，该文件中的时间是以"days since 1949-12-01 00:00:00"的相对形式存储。如果第一个时间数值为 380.5，则表示以 1949 年 12 月 1 日 00 时为第 1 时次，以"day"为单位经过 380.5 个"day"，即为 1950 年 12 月 16 日 12 时。同样，若第二个数值为 745.5，则表示 1951 年 12 月 16 日 12 时。

　　但是我们在绘图时可能更希望每个时间数据均用年月日的格式表示，而不是相对时间格式，这可使用函数 cd_calendar 以转换时间格式。以下为 NUG _date_format.ncl 代码片段（效果见图 8.3）。

```
utc_date    = cd_calendar(time, 0)    ;0 表示返回值为一个二维数组，
    其右边维共有六个元素，分别表示年、月、日、时、分、秒
year        = tointeger(utc_date(:,0))
month       = tointeger(utc_date(:,1))
day         = tointeger(utc_date(:,2))
hour        = tointeger(utc_date(:,3))
minute      = tointeger(utc_date(:,4))
second      = utc_date(:,5)

date_str_i = sprinti("%0.4i",year) + "-"+ sprinti("%0.2i",month)
    + "-"+ sprinti("%0.2i",day)    ;将日期写成字符串(YYYY-MM-
    DD)
(绘图代码略)
```

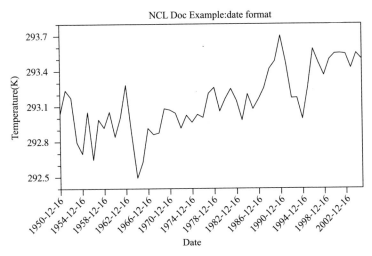

图 8.3　日期转换为国际参考日期并作为 X 轴标签

用户在创建 NetCDF 数据时,可能需要将国际参考日期转换为 Julian/Gregorian 混合日期。这可调用函数 cd_inv_calendar 进行转换。例如,

```
;--5 个采用年月日格式的时间数据
yyyymmdd  = (/19900101,19950105,19981102,20030423,20100612/)
ntim      = dimsizes(yyyymmdd)

;--获取年、月、日
yyyy  = yyyymmdd/10000
mmdd  = yyyymmdd-yyyy * 10000    ; mmdd = yyyymmdd%10000
mm    = mmdd/100
dd    = mmdd-mm * 100            ; dd = mmdd%100

;--创建时分秒数组
hh    = dd
mn    = dd
sc    = dd

;-赋值
hh    = 0
```

```
mn      = 0
sc      = 0

units   = "hours since 1900-01-01 00：00：00"；设定其单位,通常为"sec-
          onds/hours/days since ...." ,但不可为"months since ...."


time    = cd_inv_calendar(yyyy,mm,dd,hh,mn,sc,units, 0)
time!0  = "time"
print(time)
```

屏幕输出为：

```
Variable：time
Type：double
Total Size：40 bytes
          5 values
Number of Dimensions：1
Dimensions and sizes：   [time | 5]
Coordinates：
Number Of Attributes：2
  calendar ：    standard
  units ：       hours since 1900-01-01 00：00：00
(0)     788928
(1)     832848
(2)     866376
(3)     905568
(4)     968136
```

　　NCL 还提供了多个时间转换函数。例如 cd_string 和 cd_convert,前者可将时间值转换成格式化字符串,后者则将 Julian/Gregorian 日期转换为另一单位日期。更多时间转换函数介绍见 http://www. ncl. ucar. edu/Document/Functions/date. shtml。

8.3　字符串处理

用户可调用字符串函数以修改字符串,比如去除字符串前端的空白、大小写互转或从文本行中截取部分字符。

(1)函数 str_lower,str_upper 和 str_capitalize 分别把大写字母转为小写字母、小写字母转为大写字母和首字母大写。

```
str       = "HELLO WORLD"
strlower  = str_lower(string)          ; "hello world"
str       = "good morning"
strupper  = str_upper(string)          ; "GOOD MORNING"
str       = "good morning to everybody"
strcapital = str_capital(string)       ; "Good Morning To Everybody"
```

(2)函数 str_left_strip,str_right_strip,str_strip 和 str_squeeze 分别去掉前端空格、后端空格、前后端空格和用一个空格替代多个空格(或者 Tab 空格)

```
str    = "    This is    the title    "
strnew = str_left_strip(str)          ; "This is    the title    "
strnew = str_right_strip(str)         ; "    This is the    title"
strnew = str_strip(str)               ; "This is    the title"
strnew = str_squeeze(str)             ; "This is the title"
```

(3)函数 str_fields_count 和 str_get_field 分别计数和选择字符串中的字段

```
str = "This is a string"
nf = str_fields_count(str, " ")   ;即以" "为分隔符,共有 nf=4 个字段
str = "tas_domain_model_ensemble_version_starttime-endtime. nc"
delim = "_"
nf = str_fields_count(str,delim)   ;即以"_"为分隔符,共有 nf=6 个
    字段
str = "20130101000000 53.33 10.0 278.32 t2m"
```

field_1 = str_get_field(str, 1, " ")；field_1="20130101000000",即挑出
  以" "为分隔符的第 1 字段(从 1 开始)
field_5 = str_get_field(str, 5, " ")；field_5="t2m",即以" "为分隔符的
  第 5 字段

(4)函数 str_split 和 str_split_csv 用分隔符分别分隔字符串和 CSV 字符串。其中 CSV 文件的读取与处理可参考 4.5 节。这里仅介绍函数 str_split。

str = "Using NCL makes a lot of fun"
strlist = str_split(str, " ")；以" "为分隔符分割字符串
qc = str_get_dq()   ；返回引号
print(qc ＋strlist ＋ qc)
(0)   "Using"
(1)   "NCL"
(2)   "makes"
(3)   "a"
(4)   "lot"
(5)   "of"
(6)   "fun"

(5)函数 tofloat,todouble,toint,toshort 和 tolong 可将字符转换为数值。须注意的是,通过上述函数 str_ * 得到的返回值是字符串类型,通常可能会与函数 to * 结合使用。

str = "20130101000000 53.33 10.0 278.32 t2m"
val = tofloat(str_get_field(str,4," "))；val=278.32,浮点型
idate = toint(str_get_field(str,1," "))；idate=20130101000000,整型

更多字符串相关的函数请参考 http://www.ncl.ucar.edu/Document/Functions/string.shtml。

8.4 系统调用

函数 systemfunc 和程序 system 调用操作系统中的命令。两者的区别在于,程序 system 是传递指令到操作系统中,不作返回;而函数 systemfunc 将值返回至

NCL 中。其他系统调用指令有：status_exit,getenv,sleep 和 get_cpu_time。

（1）执行一个 shell 命令：

system("rm -f　tmp. asc")；在操作系统中执行命令 rm,以删除当前路径
　　下的 tmp. asc 文件
system("export NCARG_COLORMAPS= $ HOME/NCL/Colors")；设
　　置环境变量 NCARG_COLORMAPS

（2）执行一个 shell 命令并返回结果：

file_list = systemfunc("ls t2m_ *. nc")；将当前路径下所有以"t2m_"开
　　头和". nc"为结尾的文件名返回至变量 file_list。可见,变量 file_list
　　为一个字符串数组
datestring = systemfunc("date")；返回当前日期至字符串变量 dat-
　　estring

（3）退出 NCL,并返回一个整型数值作为状态码：

fin = addfile("tas. nc", "r")
if(ismissing(fin)) then
　　status_exit(99)
end if

（4）返回 shell 环境变量内容：

ret = getenv("SHELL")
print(ret)

以下为屏幕输出：

Variable：ret
Type：string
Total Size：8 bytes
　　　　　1 values
Number of Dimensions：1
Dimensions and sizes：　[1]

```
Coordinates：
    (0)/usr/bin/tcsh
```

更多细节可参考 http://www. ncl. ucar. edu/Document/Functions/system. shtml。

8.5　自定义函数和程序

NCL 中的程序或函数的结构相似于 Fortran 语言和 C 语言程序。一般来说,程序用来运行任务,不通过等于号"="返回结果。而函数被用来运行一个或多个任务,并通过等于号"="将结果返回至 NCL 主脚本的某个变量中。自定义的程序或函数既可直接放在脚本的最开始处以直接调用,也可单独存储为一个外部文件,通过"load"或者"loadscript"命令加载该外部文件以调用。推荐用户将常用的自定义函数或程序全部收集在用户指定的一个外部文件中,这可方便其他 NCL 脚本加载使用,同时也使脚本更为简洁。

8.5.1　程序

自定义程序的结构规则:

```
undef ("procedure_name")                    ；可选
procedure procedure_name(declaration_list)
local local_variables                       ；可选
begin
        (statements)
end
```

比如,用户可将下列代码段保存为/your_home/NCL/lib 下的新文件 my_library. ncl:

```
;--convK2C：将开尔文温度转换为摄氏温度
undef("convK2C")
procedure convK2C(var)
begin
  var        = var - 273. 15
  var@units = "C"
```

```
end

;--convK2F：将开尔文温度转换为华氏温度
undef("convK2F")
procedure convK2F(var)
begin
    var        = ((var-273.15) * 9/5)+32
    var@units = "F"
end
```

在用户的 NCL 脚本中加载这个文件便可使用这个新定义的程序：

```
load    "$HOME/NCL/lib/my_library.ncl"
begin
  var1 = 274.15
  var2 = 274.15
  convK2C(var1)    ；输出 var1 为 1.0
  convK2F(var2)    ；输出 var2 为 33.8
end
```

下例 NUG_polar_NH_circle.ncl 中给出一个绘图子程序 polar_map_circle,它可在北半球极射赤面投影的外沿绘制一条粗线(图 8.4)。

```
;--首先定义子程序:polar_map_circle,用以绘制极射赤面投影外沿圈
undef("polar_map_circle")
procedure
    polar_map_circle(wks,plot:graphic,wsize:integer,col:string,offset:
    numeric)
local degrad,degrees,xcos,xsin,xcenter,ycenter,radius,xc,yc
begin
  getvalues plot    ；读取视图的坐标及长宽
    "vpXF"      : x
    "vpYF"      : y
    "vpWidthF"  : w
```

```
    "vpHeightF"      : h
  end getvalues
  degrad   = 0.017453292519943        ; 3.1415926/180
  degrees  = ispan(0,360,1)           ; 创建 361 点
  xcos     = cos(degrad * degrees)    ; 各个角度的余弦值
  xsin     = sin(degrad * degrees)    ; 各个角度的正弦值
  ; 圆圈中心点位置及半径
  xcenter  = w/2 + x
  ycenter  = h/2 + (y-h)
  radius   = w/2 + offset
  ; 计算出各个点在单位坐标系中的坐标位置
  xc       = xcenter + (radius * xcos)
  yc       = ycenter + (radius * xsin)
;--设置外沿圈和图的参数
  lnres                  = True
  lnres@gsLineColor      = col
  lnres@gsLineThicknessF = wsize
  gsn_polyline_ndc(wks,xc,yc,lnres)
end
;--- 主程序
begin
;--读取数据和定义变量
  f  = addfile("../data/uwnd.mon.ltm.nc", "r")
  u  = f->uwnd(0,{300},:,:)
;--输出图形类型和名称
  wks = gsn_open_wks("eps","NUG_polar_NH_circle")
  gsn_define_colormap(wks,"MPL_Greys")
  res              = True
  res@gsnDraw      = False   ; 暂不绘图(默认为 True)
  res@gsnFrame     = False   ; 暂不翻页(默认为 True)
  res@gsnPolar     = "NH"    ; 北半球极射赤面投影,南半球则
    为"SH"
```

```
   res@gsnTickMarksOn   = False
   res@tiMainString     = "NCL Doc Example：Polar Plot（NH）"

   plot = gsn_csm_contour_map_polar(wks,u,res)
   draw(plot)  ；绘图
;--设置地图外沿圈：wsize＝10，col＝"black"，offset＝0
;-调用子程序 polar_map_circle
   polar_map_circle(wks, plot, 5, "black", 0)
   frame(wks) ；翻页
end
```

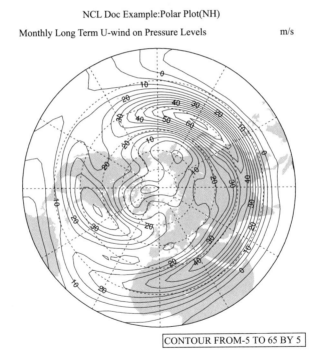

NCL Doc Example:Polar Plot(NH)

Monthly Long Term U-wind on Pressure Levels　　　　　　m/s

CONTOUR FROM-5 TO 65 BY 5

图 8.4　加粗外沿圈的极射赤面投影

8.5.2　函数

函数的结构规则如下：

```
undef（"function_name"）              ；可选
procedure function_name(declaration_list)
local local_variables              ；可选
begin
      statements
      return(return_value)
end
```

下例为计算 π 的自定义函数：

```
undef("my_pi")
function my_pi()
local lpi
begin
  lpi = 4 * atan(1)     ；若需双精度型，则 4d * atan(1)
  return(lpi)
end
```

假定上述代码段也保存在/your_home/NCL/lib/my_library. ncl 中，若要使用函数 my_pi，则：

```
load"/your_home/NCL/lib/my_library. ncl"
begin
  x = my_pi()          ；注意：NCL 有函数"get_pi"
  print(x)
end
```

以下为屏幕输出：

```
Variable：x
Type：float
Total Size：4 bytes
          1 values
Number of Dimensions：1
```

```
Dimensions and sizes：　［1］
Coordinates：
(0) 3.141593
```

如果一个函数须返回多个不同类型的变量,则可利用[/.../]将多个变量构建为一个列表变量返回。例如,

```
undef ret_mulvar(val1,val2)
function ret_mulvar(val1,val2)
local ni,nj,nk
begin
  ni = val1 + val2         ;数值型
  nj = False               ;逻辑型
  nk = val1+ "" + val2     ;字符串
  return([/ni,nj,nk/])     ;返回列表变量
end
```

则在主脚本中：

```
comp = ret_mulvar(5,2)    ;调用自定义函数 ret_mulvar,返回值为列表
    变量
vadd = comp[0]            ;对应 ni 赋值给 vadd
vlog = comp[1]            ;对应 nj 赋值给 vlog
vstr = comp[2]            ;对应 nk 赋值给 vstr
```

8.6　调用外部 Fortran 语言或 C 语言程序代码

使用外部 Fortran 或 C 语言程序代码有两种方法:一是通过 WRAPIT 工具调用外部子程序,但 WRAPIT 仅支持 Unix 系统(Sun,Linux,AIX 和 MacOSX),不支持 Cygwin/Windows 系统;二是编译这些外部程序代码生成 EXE 可执行文件,然后在 SHELL 脚本中或在 NCL 脚本中通过 system/systemfunc 调用这些可执行文件。第二种方法可参考《NCL 数据处理与绘图实习教程》(施宁等,2017)中的第 8 章。本书主要介绍第一种方法,这也是 NCL 官网重点介绍的方法。为正确使用 WRAPIT,用户的 UNIX 系统中须装有 C 编译器、Fortran77 或 Fortran90 编译器。

使用 WRAPIT 调用外部子程序时,用户必须采用以下四个操作步骤:

(1)编写专用的 wrapper 文本文件;

(2)运行 WRAPIT 以生成共享对象文件;

(3)加载共享对象文件;

(4)调用子程序/函数。

本节将介绍如何通过 WRAPIT 方式来调用外部 Fortran 语言程序和 C 语言程序。更多详细介绍请参考官方网址:http://www. ncl. ucar. edu/Document/Tools/WRAPIT. shtml。

8.6.1 Fortran77 代码

在 NCL 调用 Fortran77 子程序前,须对 Fortran77 脚本进行改写,以方便 NCL 识别和调用。脚本的改写主要是在子程序"subroutine"的变量声明代码段的前一行与后一行上分别添加特定的字符串"C NCLFORTSTART" 和"C NCLEND"。须注意,在字符串"C NCLFORTSTART"与"subroutine"行之间不可有任何多余的行。

下例为 Korn-Shell(ksh)脚本 NUG_use_Fortran_subroutines. ksh,它将完成:

(1)编写一个简短的 Fortran 子程序 ex01. f;

(2)运行 wrapper,生成共享文件 ex01. so;

(3)编写 NCL 主脚本 NUG_use_Fortran_subroutines. ncl;

(4)运行 NCL 脚本并标准输出结果。

NUG_use_Fortran77_subroutines. ksh:

```
#！/usr/bin/ksh
ncl_script ="NUG_use_Fortran_subroutines. ncl"    ♯要创建的 NCL 脚
    本名
♯--(1)编写包含两个子程序的 Fortran77 子程序
cat<<EOF1> ex01. f
C NCLFORTSTART
        subroutine cquad (a, b, c, nq, x, quad)
        real x(nq), quad(nq)
C NCLEND
C   计算二次多项式值
        do 10 i=1,nq
          quad(i) = a * x(i) * * 2 + b * x(i) + c
    10 continue
```

```
        return
        end


C NCLFORTSTART
        function arcln (numpnt, pointx, pointy)
        dimension pointx(numpnt),pointy(numpnt)
C NCLEND
C   计算弧长
        if (numpnt .lt. 2) then
          print *,'arcln: number of points must be at least 2'
          stop
        endif
        arcln   = 0.
        do 10 i = 2,numpnt
          pdist = sqrt((pointx(i)−pointx(i−1)) * * 2 +
     +                         (pointy(i)−pointy(i−1)) * * 2)
          arcln = arcln + pdist
10      continue
        return
        end
EOF1
```

#--(2)运行 NCL wrapper,生成共享文件 ex01.so
```
WRAPIT ex01.f
```

#--(3)编写 NCL 脚本
```
cat << EOF3 > ${ncl_script}
external EX01 "./ex01.so"; NCL 脚本中首先调用 ex01.so,并命名为 EX01


begin
nump = 3
x    = (/ −1., 0.0, 1.0 /)
```

```
qval   = new(nump,float)

EX01::cquad(-1., 2., 3., nump, x, qval)    ;调用子程序 cquad,并在
    NCL 脚本中将其命名为 EX01
print("Polynomial value = " + qval)         ;应为 (/0,3,4/)


;--计算弧长
xc = (/ 0., 1., 2. /)
yc = (/ 0., 1., 0. /)
arclen = EX01::arcln(nump,xc,yc)           ;调用子程序 arcln
print("Arc length = " + arclen)             ;应为 2.82843
print("")
end
EOF3


#--(4)运行 NCL 脚本
ncl  -n   ${ncl_script}
exit
```

在终端中输入：

```
ksh   NUG_use_Fortran77_subroutines. ksh
```

可得标准输出结果：

```
WRAPIT Version：120209
COMPILING ex01. f
LINKING
END WRAPIT


Copyright (C) 1995-2017 - All Rights Reserved
University Corporation for Atmospheric Research
NCAR Command Language Version 6.4.0
The use of this software is governed by a License Agreement.
```

```
See http://www. ncl. ucar. edu/ for more details.
Polynomial value = 0
Polynomial value = 3
Polynomial value = 4
Arc length = 2.82843
```

8.6.2　Fortran90 代码

调用 Fortran90 子程序代码的过程基本类似于调用 Fortran77 代码,但须多创建一个以".stub"为后缀名的文件。下例为 Korn-Shell 脚本 Use_Fortran90_subroutines. ksh,它将完成:

(1)编写一个简短的 Fortran90 子程序 ex01. f90;

(2)创建一个新文件 ex01. stub;

(3)运行 WRAPIT 编译 ex01. stub 以生成共享文件 ex01. so;

(4)编写 NCL 主脚本 Use_Fortran90_subroutines. ncl;

(5)运行 NCL 脚本并标准输出结果。

NCL_Use_Fortran90_subroutines. ksh:

```
#! /usr/bin/ksh
ncl_script = "Use_Fortran_subroutines. ncl"    #定义一个变量


#--(1)编写 fortran90 子程序代码
cat<<EOF1> ex01. f90
subroutine cquad(a,b,c,nq,x,quad)
  implicit none
  integer, intent(in)  ::nq
  real,    intent(in)  ::a,b,c,x(nq)
  real,    intent(out) ::quad(nq)
  integer              ::i
  quad = a*x**2+b*x+c
  return
end subroutine cquad
```

```
EOF1

#--(2)创建一个新文件 ex01.stub
cat<<EOF2> ex01.stub
C NCLFORTSTART
      subroutine cquad(a,b,c,nq,x,quad)
      real a,b,c
      integer nq
      dimension x(nq),quad(nq)
C NCLEND
EOF2

#--(3)运行 wrapit 以编译 ex01.stub,将生成 ex01.so 文件
WRAPIT ex01.stub ex01.f90

#--(4)编写 NCL 脚本
cat << EOF4> ${ncl_script}
external EX01 "./ex01.so"     ;NCL 脚本中首先调用 ex01.so,并命名
    为 EX01

begin

nump = 3
x    = (/ -1., 0.0, 1.0 /)
qval = new(nump,float)

EX01::cquad(-1., 2., 3., nump, x, qval) ;调用子程序 cquad
print("Polynomial value = " + qval)          ;应为 (/0,3,4/)
end
EOF4

#--(5)运行 NCL 脚本
ncl -n  ${ncl_script}
exit
```

在终端中输入：

> ksh　NUG_use_Fortran90_subroutines.ksh

可得标准输出结果：

> WRAPIT Version：120209
> COMPILING cquad.f90
> LINKING
> END WRAPIT
>
>
> Copyright (C)1995-2017 - All Rights Reserved
> University Corporation for Atmospheric Research
> NCAR Command Language Version 6.4.0
> The use of this software is governed by a License Agreement.
> See http://www.ncl.ucar.edu/ for more details.
> Polynomial value = 0
> Polynomial value = 3
> Polynomial value = 4

8.6.3　C 语言程序代码

由于 NCL 的 WRAPIT 脚本不能直接用于 C 语言程序代码，所以需要一些额外的步骤并要运用一些技巧，必须包含以下 7 个步骤：

(1)编写 C 语言程序代码；

(2)创建一个 Fortran stub 文件；

(3)在 Fortran stub 文件上运行'wrapit77'以进行 C 语言程序代码封装；

(4)修改 C wrapper 文件；

(5)运行带有'-d'选项的 WRAPIT 以获得一些编译信息；

(6)创建一个 Makefile 文件以编译 C 语言程序代码并创建一个共享库；

(7)编写调用外部程序和函数的 NCL 脚本。

下例的 Korn-Shell 脚本 NUG_use_C_subroutines.ksh 包含了上述 7 个步骤。

NUG_use_C_subroutines.ksh：

```
#! /bin/ksh
ncl_script = NUG_use_C_subroutines. ncl

#--清理可能重名的数据
rm -rf ex01C. c ex01C. o ex01C. c~ ex01C. stub ex01CW. c ex01CW. o
    WRAPIT. stub
rm -rf WRAPIT. c WRAPIT. o ex01C. so NUG _ use _ C _ subroutines.
    ncl objects
rm -rf WRAPIT_debug_output Makefile

#--(1)编写 C 程序代码,并保存为 ex01C. c
cat << EOF1> ex01C. c
#include <stdio. h>
#include <stdlib. h>
#include <math. h>


void * cquad(float a, float b, float c,int nq, float * x, float * quad)
{
    int i;
/* 计算二次多项式值 */
for(i = 0; i < nq; i++) quad[i] = a * pow(x[i],2) + b * x[i] + c;
}
float arcln(int numpnt, float * pointx, float * pointy)
{
int i;
float pdist, a;


/* 计算弧度 */
if(numpnt < 2) {
    printf("arcln: number of points must be at least 2\n");
    return;
}
```

```
a = 0.;
for( i=1; i <numpnt; i++ ) {
   pdist = sqrt(pow(pointx[i]-pointx[i-1],2) +
     pow(pointy[i]-pointy[i1],2));
   a +=pdist;
}
return(a);
}
EOF1
echo "-------------------------------"
echo "-- write C code              - done"
```

#--(2)创建一个 Fortran stub 文件,保存为 ex01C. stub
```
cat << EOF2> ex01C. stub
C NCLFORTSTART
      subroutine cquad (a, b, c, nq, x, quad)
      real a, b, c
      real x(nq), quad(nq)
C NCLEND
C NCLFORTSTART
      function arcln (numpnt, pointx, pointy)
      integer numpnt
      real pointx(numpnt),pointy(numpnt)
C NCLEND
EOF2
echo "-- write Fortran stub file - done"
```

#--(3)在 Fortran stub 文件上运行'wrapit77'以创建 C wrapper
```
wrapit77 < ex01C. stub > ex01CW. c
echo "-- create the C wrapper      - done"
```

#--(4)修改 C 语言封装文件 ex01CW. c 中含有 NGCALLF 的行
```
cat ex01CW. c | sed -e
```

```
  's/NGCALLF(cquad,CQUAD)(a,b,c,nq,x,quad)/(void)cquad( * a,
     * b, * c, * nq,x,quad)/g' > tmp.c
cat tmp.c | sed -e 's/extern float NGCALLF(arcln,ARCLN)()/extern
     float arcln(int numpnt, float * pointx, float * pointy)/g' > tmp1.c
cat tmp1.c | sed -e 's/arcln_ret =
NGCALLF(arcln,ARCLN)(numpnt,pointx,pointy)/arcln_ret =
arcln( * numpnt,pointx,pointy)/g' > tmp2.c
cat tmp2.c | sed -e 's/NhlErrorTypes cquad_W( void ) {/extern NhlEr-
     rorTypes cquad_W( void ) {/g' > tmp3.c
rm -rf tmp.c tmp1.c tmp2.c
mv tmp3.c ex01CW.c
echo "-- modify ex01CW.c        - done"


#--(5)运行带有'-d'选项的'WRAPIT'以获得一些编译信息
WRAPIT -d ex01C.stub > WRAPIT_debug_output


#--(6)创建一个 Makefile 文件并运行
compline= $ (cat WRAPIT_debug_output | grep gcc | grep WRAPIT.c)
compline1= $ (echo $ {compline} | sed -e 's/WRAPIT.c/ex01C.c/g')
compline2= $ (echo $ {compline} | sed -e 's/WRAPIT.c/ex01CW.c/g')
linkline= $ (cat WRAPIT_debug_output | grep gcc | grep WRAPIT.o)
linkline1= $ ( echo $ { linkline } | sed -e ' s/WRAPIT.o/ex01CW.o
     ex01C.o/g')


cat << EOF6>Makefile
ex01C.so: ex01CW.o ex01C.o
 $ {linkline1}
ex01C.o: ex01C.c
 $ {compline1}
ex01CW.o: ex01CW.c
          $ {compline2}
EOF6
```

```
echo "-- write Makefile          - done"
make > /dev/null
echo "-- make                    - done"

#--(7)编写调用外部程序和函数的 NCL 脚本
cat << EOF7> ${ncl_script}
external EX01C "./ex01C.so"
begin
nump = 3
  x    = (/ -1., 0.0, 1.0 /)
qval = new(nump,float)

EX01C::cquad(-1., 2., 3., nump, x, qval)   ; 调用子程序 cquad
print("Polynomial value = " + qval)         ; 应为(/0,3,4/)
;--计算弧长
xc = (/ 0., 1., 2. /)
  yc = (/ 0., 1., 0. /)

  arclen = EX01C::arcln(nump,xc,yc)          ; 调用子程序 cquad
  print("Arc length = " + arclen)            ; 应为 2.82843
  print("")
end
EOF7
  echo "-- write NCL script        - done"

#--(8)运行 NCL 脚本
echo "-------------------------------------"
ncl -n ${ncl_script}

exit
```

在终端中输入：

```
ksh   NUG_use_C_subroutines. ksh
```

可得标准输出结果：

```
---------------------------------
-- write C code           - done
-- write Fortran stub file - done
-- create the C wrapper   - done
-- modify ex01CW. c        - done
-- write Makefile          - done
-- make                    - done
-- write NCL script        - done
---------------------------------
Copyright (C) 1995-2017 - All Rights Reserved
University Corporation for Atmospheric Research
NCAR Command Language Version 6. 4. 0
The use of this software is governed by a License Agreement.
See http://www. ncl. ucar. edu/ for more details.
Polynomial value = 0
Polynomial value = 3
Polynomial value = 4
Arc length = 2. 82843
```

更多 C 语言程序调用说明请参考 http://www. ncl. ucar. edu/Document/Tools/WRAPIT. shtml♯Example_6。

8.6.4　须注意的问题

在编写外部子程序时,用户须知晓以下几个问题。

(1)子程序名称的唯一性。用户自定义的函数或程序的名称不能与 NCL 的内置程序或函数同名。否则,WRAPIT 将不能正常工作,同时终端也不会返回任何有用的错误信息。为检查自定义子程序或函数名称是否与 NCL 内置程序或函数同名,可用 UNIX 命令"nm"检查。例如,用户在将自定义的子程序命名为"gamma"之前,可检查"gamma"是否已在 NCL 中:

```
nm $ NCARG_ROOT/bin/ncl | grep -i gamma
```

将会得到如下类似信息：

```
0000000100283a28 T _dgammaslatec_
00000001002b30df T _dsgamma_
0000000100272ed2 T _gamma_
0000000100dd1db3 t _gammafn
000000010014f5e1 T _gammainc_W
00000001001a3ed3 T _random_gamma_W
                 U _tgamma
```

其中，名称前的“T”表示该名称（部分）出现在 NCL 内置函数或程序中。其中下划线可忽略，是由编译器自动添加。从上述结果可以看出，第三行的名称为“gamma”，即 NCL 中已存在“gamma”函数或程序，用户须使用不同的名称，如“mygamma”或者“gamma2”。

（2）变量名称。在分隔符“NCLFORTSTART”和“NCLEND”之间的变量不可命名为“data”。

（3）数组。

①在定义数组大小时不可使用代数运算符。下例为错误用法：

```
C NCLFORTSTART
      subroutine subby(X,Y,N1,N2)
      integer N1,N2
      real X(N1),Y(N1+N2)
C NCLEND
```

正确做法是定义一个新的变量 N3，令其等于 N1+N2：

```
C NCLFORTSTART
      subroutine subby(X,Y, N1,N3)
      integer N1,N3
      real X(N1),Z(N3)
C NCLEND
```

②如果有一个多维数组，它的最右边维的大小为 1，则用户不能正确 WRAPIT

该 Fortran 程序：

```
        subroutine subby(X,Y,N)
        real X(N,1), Y(N,1)
```

解决该问题需两步操作，首先修改子程序 subby，增加一个 M 变量，作为数组最右边维；再创建一个"driver"子程序，调用"subby"子程序：

```
C NCLFORTSTART
        subroutine driver(X,Y,N,M)
        real X(N,M), Y(N,M)
C NCLEND
        call subby(X,Y,N)
        return
        end

        subroutine subby (X,Y,N)
        real X(N,1), Y(N,1)
```

③数组下标在变量声明中：

```
C NCLFORTSTART
        subroutine subbee (X,Y,N)
        integer N
        real X(0:N),Y(0:N)
C NCLEND
```

这需要用户创建一个同名子程序，并重命名原子程序：

```
C NCLFORTSTART
        subroutine subbee(X,Y,N1)
        integer N1
        real X(N1),Y(N1)
C NCLEND
        call subbee1(X,Y,N1-1)
```

```
END

subroutine subbee1(X,Y,N)
integer N
real X(0:N),Y(0:N)
```

④数组维。NCL 中数组的最右边维是变化最快维,而 Fortran 中数组则是最左边维。因此,如果变量 XA 的数组大小在 Fortran 表示为 idim×jdim,则它在NCL 中应表示为 jdim×idim。此外,Fortran 数组下标从 1 开始,而 NCL 数组下标从 0 开始。

⑤函数类型。如果用户需 WRAPIT 的 Fortran 函数须指定返回值的类型,则在Function 行中声明函数类型,而不是单独另起一行进行声明。下例虽然完全符合Fortran 的语法规则,但 WRAPIT 不能正常执行:

```
C NCLFORTSTART
      FUNCTION ARCLN(NUMPNT, POINTX, POINTY)
      DOUBLE PRECISION ARCLN
      DOUBLE PRECISION POINTX(NUMPNT),POINTY(NUMPNT)
C NCLEND
```

须改为:

```
C NCLFORTSTART
      DOUBLE PRECISION FUNCTION ARCLN(NUMPNT, POINTX,
        POINTY)
      DOUBLE PRECISION POINTX(NUMPNT),POINTY(NUMPNT)
C NCLEND
```

⑥参数声明。WRAPIT 不能处理参数(parameter)声明。例如,WRAPIT 不能正确处理如下代码:

```
C NCLFORTSTART
      subroutine expansion(inp,outp, ntime)
      integer ntime,nlon,nlat
      parameter (nlon=144,nlat=60)
```

```
    real inp(nlon,nlat,ntime,3), outp(6,nlon,nlat,ntime,3)
C NCLEND
```

这需要用数值替换变量 nlon 和 nlat,或将它们传递到程序"expansion"中。

第一个方法:

```
C NCLFORTSTART
    subroutine expansion(inp,outp, ntime)
    integer ntime
    real inp(144,60,ntime,3), outp(6,144,60,ntime,3)
C NCLEND
```

第二个方法:

```
C NCLFORTSTART
    subroutine expansion(inp,outp, ntime, nlat, nlon)
    integer ntime,nlon,nlat
    real inp(nlon,nlat,ntime,3), outp(6,nlon,nlat,ntime,3)
C NCLEND
```

⑦字符串数组。目前,WRAPIT 仅能用于单个字符或字符串,不支持字符串数组在 NCL 与 Fortran 间互传。

⑧从 NCL 传递字符串至 Fortran,需要在 Fortran 程序中声明为 CHARACTER $*(*)$,例如,

```
CHARACTER *(*) STRIN
CHARACTER *26    STROUT
```

⑨从 Fortran 传递字符串至 NCL,需要 Fortran 参数为固定长度的 CHARACTER 类型变量,同时,NCL 变量必须为同样长度的字符串。注意,类似于"CHARACTER(LEN=40)"的声明不能正确运行,须改为"CHARACTER $*$ 40"。如果用户希望将字符数组转换为一个字符串,则请使用函数 tostring。

⑩复数。NCL 不支持复数,用户须将复数分为实部和虚部两部分分别予以处理。

⑪结束 NCL。如果嵌入 NCL 代码的 Fortran 代码中须执行一个 STOP 语句,或者 C 程序代码中执行一个 exit 语句,则 NCL 会终止运行。

⑫WRAPIT 接口不支持的 Fortan77 语法。首先不支持 Fortran COMMON blocks。这将阻止用户设置可变大小的数组（其大小由 COMMON 块传递），或者用 COMMON 为变量传递数值。其次，不支持 Fortran ENTRY 语句。最后，不支持 Alternate return 参数。

8.6.5　常见问题的解决方法

（1）出现"A syntax error occurred while parsing"的错误提醒。

即使 Fortran 文件或 stub 文件完全没有问题，用户仍可能得到上述错误提醒。这可能是由于文件中每行内容是由"\r"或"^M"结尾（这在 UNIX 文本编译器中通常不可见，其原因可参见第 9.1.5 节第二部分）。用户可通过"od -c"或"cat -v"查看到这些字符：

```
od -c yourfile. f
cat -v yourfile. f
```

用户可能看到如下类似内容（以 od -c yourfile. f 为例）：

```
0000000  C       N   C   L   F   O   R   T   S   T   A   R   T   \r  \n
0000020                          s   u   b   r   o   u   t   i   n   e
0000040      t   e   s   t   i   t   (   x   ,   y   ,   z   ,   n   l
0000060  a   t   ,   n   l   o   n   )   \r  \n
0000100  r   e   a   l       x   (   n   l   a   t   ,   n   l   o   n
0000120  )   \r  \n                          r   e   a   l       y   (
0000140  n   l   a   t   ,   n   l   o   n   )   \r  \n
0000160          r   e   a   l       z   (   n   l   a   t   ,   n   l
0000200  o   n   )   \r  \n                          i   n   t   e   g
0000220  e   r       n   t   i   m   ,   n   l   a   t   \r  \n  C
0000240  N   C   L   E   N   D   \r  \n
0000250
```

如上以"\r"为结尾的行将导致 WRAPIT 报错。可通过命令 dos2unix 或 tr 来转换文本：

```
dos2unix yourfile. f
tr -d '\r' <yourfile. f > yourfile_fix. f
```

    注意，dos2unix 不产生新的文件，而 tr 须指定一个新的文件，并将该新文件用于 WRAPIT。

    (2)出现"/usr/bin/ld：cannot find -lgfortran/usr/bin/ld：cannot find -lgfor-tran"的错误提醒。

    在一些操作系统中，WRAPIT 默认使用 gfortran。gfortran 库(libgfortran. a)的安装路径可能不被 WRAPIT 识别。用户可通过 UNIX 的"locate"命令找到 gfortran 库。例如，

```
locate libgfortran. a
```

返回：

```
/usr/lib/gcc/x86_64-redhat-linux/4. 1. 1/libgfortran. a
```

然后使用命令 WRAPIT，加上"-L"选项可指明该库的路径：

```
WRAPIT -L   /usr/lib/gcc/x86_64-redhat-linux/4. 1. 1   yourfile. f
```

    (3)出现"undefined symbol"的错误提醒。例如，

```
warning：An error occurred loading the external file ./besi0. so, file
    not loaded
./besi0. so：undefined symbol：xermsg_
```

这可能有两个原因：一是要封装的 Fortran 代码中调用了程序"xermsg"(或"XE-RMSG")，但 WRAPIT 不能找到定义该程序的文件或库；二是程序"xermsg"正被编译器调用，而 WRAPIT 不能直接找到定义该程序的库。

    对于第一个原因，用户可能须增加一个包含程序"xermsg"的 Fortran 代码，或者链接至含有程序"xermsg"的库文件，即在 WRAPIT 命令行中须增加含有程序"xermsg"的 Fortran 程序：

```
WRAPIT myfile. f myotherfile. f
```

链接含有程序名"xermsg"的库文件时，须使用"-l"选项，有时还须加上"-L"选项以告知 WRAPIT 库文件的路径。例如，如果程序存在于"/home/foo/lib"路径下的静态链接库文件"libfoo. a"，则：

```
WRAPIT myfile. f -L /home/foo/lib -l foo
```

对于第二个原因,用户须找出系统中的哪个库文件含有程序"xermsg",并用上述使用"-L"和"-l"步骤以连接相应的库文件。

寻找程序"xermsg"究竟存在于哪个库文件中并不困难。用户可用命令"locate"进行查找:

```
locate symbol_name
```

如果用户的系统中并没有命令"locate",则可通过百度查询程序"xermsg"或结合使用"nm"和"grep"以寻找该程序:

```
nm libxxxx. a | grep  -i xermsg
```

如果程序名存在在该库文件中,则命令"nm"会有如下类似输出(不同系统可能有不同的输出结果):

```
00000000 Txermsg

[5]    |    0|   8|FUNC |GLOB |0   |2    |xermsg
```

8.6.6　测试 WRAPIT

用户可以测试如下两个脚本 ex. f 和 ex. ncl。请注意 Fortran 和 NCL 对数组维的定义存在差异。Fortran 中是对 XX(1,2) 的数值做出调整,而在 NCL 中则是对 XX(1,0) 的数值做出调整。

NUG_ex. f:

```
C NCLFORTSTART
      SUBROUTINE EX(II,JJ,XX)
      INTEGER II,JJ
      REAL XX(II,JJ)
C NCLEND
      XX(1,2) = XX(1,2) — 3.
      RETURN
      END
```

NUG_ex. ncl：

```
external EX ". /NUG_ex. so"
begin
  i = 3
  j = 2
  XX = new((/j,i/),"float")
  XX = 3.
  print("before：")
  write_matrix(XX,"3f5. 1",False)
  EX：：ex(i,j,XX)
  print("after：")
  write_matrix(XX,"3f5. 1",False)
end
```

在终端中输入：

```
WRAPIT NUG_ex. f
ncl NUG_ex. ncl
```

输出结果应为：

```
before：
  3.0  3.0  3.0
  3.0  3.0  3.0
after：
  3.0  3.0  3.0
  0.0  3.0  3.0
```

如果用户未能获得上述结果，则用户的 WRAPIT 或 NCL 出现了问题。可将所有输出信息以及命令"uname -a"的输出信息一并发邮件至 ncl-talk@ucar. edu。

第 9 章　第三方软件和工具

9.1　文本编辑器

"工欲善其事，必先利其器"，好的编辑器可以为编程带来事半功倍的好处，一个好的编辑器应该具有如下特征：语法高亮、自动补全、代码缩进、代码折叠、搜索替换、代码美化等。目前市面上有很多出众的编辑器，但由于 NCL 是一种比较小众的编程语言，因此支持 NCL 语法高亮的编辑器并不多，以下将推荐一些广泛应用的优秀编辑器，并简要介绍如何配置这些编辑器，以支持 NCL 的编辑。

9.1.1　Sublime Text

Sublime Text 编辑器是"代码、标记语言和文本的先进编辑器"（官网 http://www.sublimetext.com/），漂亮的界面、非凡的功能、高度可配置化等特性吸引了大批的用户，最重要的是，这还是一个可以无限免费使用的跨平台软件。

Sublime Text 默认支持很多编程语言的编写，但是默认不支持 NCL，中国科学院大气物理研究所的董理博士开发了 Sublime Text 的 NCL 扩展包，安装过程如下。

（1）首先安装 Sublime Text 编辑器的扩展包管理器，安装过程需要保持网络连接，主要过程是使用 Ctrl＋`命令调出编辑器的控制台，然后运行几条安装的命令，具体可以参考 https://packagecontrol.io/installation。

（2）在 Linux 和 Windows 平台下按下 Ctrl＋Shift＋p 键，在 Mac 平台下按下⌘（command 键）＋Shift＋p 键，调出编辑器命令板，输入 Install Package 或者移动光标选择 Install Package 条目，按回车键然后等待输入框。

（3）在输入框里输入 NCL，选择相应的条目，等待安装完成（参见 https://packagecontrol.io/packages/NCL）。

至此，Sublime Text 编辑器的 NCL 扩展包就安装完毕，该安装包完成以后，编辑器可以实现 NCL 代码高亮显示、自动补全命令等功能，自此，再也不用死记一大堆长长的命令，尤其是类似 cnConstFLabelConstantSpacingF 这样的绘图参数了。

配置好的界面参见图 9.1，其中窗口右边部分是整个代码文件的缩略图（minimap），可以通过这部分内容对整个代码结构有个整体印象，同时可以在其中快速跳转到需要的代码部分。

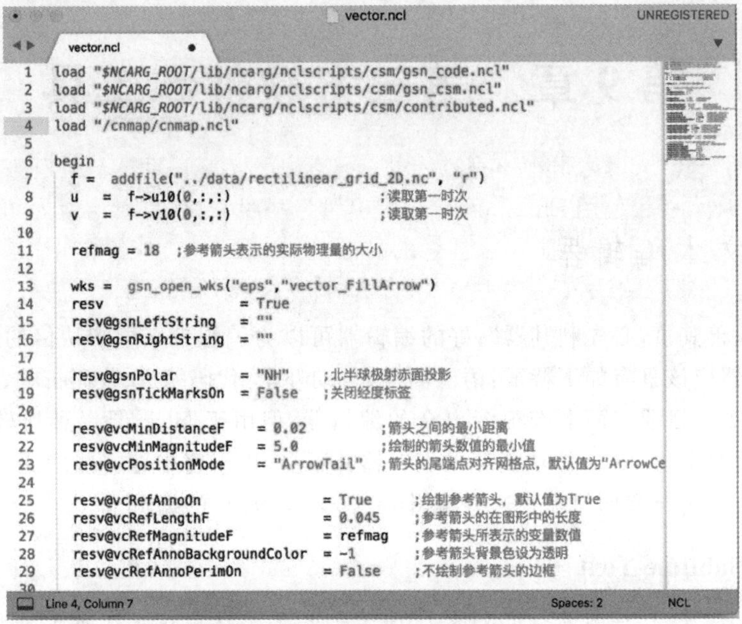

图 9.1　Sublime Text 编辑 NCL 脚本（附彩图）

顺便一提，除了 NCL，还可以用同样的方法安装 Fortran、R、Julia、Matlab、La-TeX 等常用语言的扩展包，此处不再赘述。

9.1.2　Atom

Atom 是由著名的面向开源及私有软件的项目托管平台 Github（https://github.com）开发的模块化跨平台开源编辑器，兼具了 Sublime Text 的便捷性和 Vim 的扩展性，号称"为 21 世纪所创造的可配置编辑器"（官网 https://atom.io/），Atom 编辑器具有绝大多数 Sublime Text 的特性，而且自带扩展包管理模块，安装扩展包非常容易，相比 Sublime Text 要手动安装更方便。

Atom 的 NCL 扩展包官网为 https://atom.io/packages/language-ncl，安装也很简单，只需要在命令行输入 apm install language-ncl 命令或者在 Atom 的包管理界面搜索 language-ncl 然后点击安装即可。这样，就可以在 Atom 中编辑 NCL 脚本并实现语法高亮、代码补全等功能了。如果安装 atom-script 包（https://github.com/rgbkrk/atom-script），还可以实现在 Atom 中选定特定代码并即时执行的功能。

同样，Atom 也可以很容易安装 Fortran、R、Julia 等语言的支持扩展包。相比 Sublime Text，Atom 是开源软件，是完全可以自由（并免费）使用的，而且扩展性更高,使用更方便,是笔者强烈推荐的编辑器,唯一的缺点就是相比 Sublime Text 编辑器,Atom 启动稍微慢一些。

9.1.3　Vim

Vim 和 Emacs 分别被称为"编辑器之神"与"神之编辑器",它们都是老牌的开源跨平台的编辑神器,程序员中一直流传着一句著名的传言,"世界上的程序员有三种,一种使用 Vim、一种使用 Emacs,剩余的是其他",可见它们的独到之处。虽然这两个编辑器都有极其强大的功能和非常强的扩展性,Emacs 甚至"能够用来煮咖啡!"由于极其陡峭的学习曲线,目前使用 Vim 和 Emacs 的非专业开发人员比较少。

但是笔者推荐使用 NCL 的人员学习一些 Vim 的简单编辑操作,因为在很多平台上,尤其是超算平台上,往往无法使用 Atom、Sublime Text 等图形界面的编辑器,而只能使用 Vim、Emacs 等(当然,这并不意味 Vim 和 Emacs 就无法使用图形界面,事实上,Vim 和 Emacs 都是既能在终端下使用,也能在图形界面下使用)。

关于 Vim,可通过官网(http://www.vim.org/)了解和学习其具体的操作,也可通过 http://vimsheet.com/、http://www.viemu.com/a_vi_vim_graphical_cheat_sheet_tutorial.html 或其他地方学习其操作。此处也不再赘述。值得提醒的是,Vim 有命令、插入和底线三种模式,不同的模式下可以进行不同的操作,一般的输入操作是在插入模式下进行的,一般的编辑操作在命令模式,高阶的命令则一般通过底线模式。

Vim 安装 NCL 的支持文件有几种不同的方法,基本的原理都是通过添加 NCL 的语法支持文件,并通过编辑 Vim 的配置文件~/.vimrc(在 Windows 平台下是用户个人目录下的_vimrc 文件),开启对 NCL 的语法支持,具体步骤如下。

(1)下载 NCL 语法支持文件 http://www.ncl.ucar.edu/Applications/Files/ncl3.vim 并另存为 ncl.vim,Mac、Linux 和 BSD 等系统保存到个人目录下面的~/.vim/syntax 文件夹,Windows 系统保存到个人目录.vim\syntax 目录下。

(2)编辑~/.vimrc 或者个人目录下_vimrc 文件,添加如下三行:

```
au BufRead,BufNewFile *.ncl set filetype=ncl
au! Syntax newlang source $VIM/ncl.vim
syntax on
```

(3)打开一个 NCL 文件,测试一下。

当然,也可以直接通过 git 克隆美国石溪大学海洋与大气科学学院的 Xin Xie 已经设置好的配置文件,只需要运行一下命令:

```
git clone https://github.com/xiexinyls/vim ~/.vim
```

以及

> wget https://raw. githubusercontent. com/xiexinyls/vim/master/. vimrc -
> o ~/. vimrc

 前一条命令是将各种 NCL 的支持文件复制到个人目录的`. vim`文件夹下,后一条命令是将 Xin Xie 设置好的 vim 配置配置文件复制过来,当然也可以自己手动复制其中的内容到相应的文件/文件夹。

 配置好的 Vim 打开 NCL 文件的界面如图 9.2 所示。

图 9.2   Vim 编辑 NCL 脚本(此处为 MacVim)(附彩图)

9.1.4   其他编辑器

 以上主要介绍了笔者推荐的几种强大的编辑器配置 NCL 支持的简单步骤,当然,读者可以选择自己顺手的其他编辑器,其他更多编辑器的配置方法可以参考 NCL 网站(http://www. ncl. ucar. edu/Applications/editor. shtml)。

9.1.5   关于编辑器的补充内容

 由于使用 NCL 时往往涉及多种平台的文件传输及脚本编辑,因此笔者在此补充一些在跨平台编辑 NCL(及其他)脚本文件过程中的注意事项。

（1）文件的编码

文本文件主要是由字符组成的，字符必须编码后才能被计算机处理，早期的计算机使用 7 位的 ASCII 编码，这种编码对处理拉丁字母完全够用，但是完全无法满足汉字等复杂字符的处理，因此，程序员设计了各种其他编码，如用于简体中文的 GB2312、GBK、GB18030 等编码以及用于繁体中文的 big5 等。GB2312 一共收录 7445 个字符，包括 6763 个常用汉字和 682 个其他符号，后来推出的 GBK 和 GB18030 收录了更多的汉字，它们兼容 ASCII 字符，但是无法兼容其他更多的语言。

为了容纳全世界的所有语言文字的编码，国际标准化组织（ISO）和一个软件制造商的协会（unicode. org）推出了 unicode 和 UTF-8 等编码格式。关于 unicode、UCS-2、UTF-8、UTF-16 等编码格式的细节，此处略过，但是笔者建议在所有文本的编辑过程中都使用 UTF-8 编码，便于在不同的操作系统及软件中进行文件的编辑；同时，笔者提醒，如果在不同的平台、不同的编辑器中编辑带有中文的文件遇到乱码问题，那么很可能是编码不同的问题，目前 Linux、Mac 等平台一般默认是 UTF-8 的编码，而旧版本的中文 Windows 则默认一般是 GB18030 的编码。如果 Vim 编辑中文文件遇到乱码，可以通过在～/. vimrc 中添加：

```
set encoding=utf-8 fileencodings=ucs-bom,utf-8,cp936
```

使 Vim 能自动识别文件 UTF-8 或者 GB18030 编码的文件。同时，也可以通过命令 iconv -f GBK -t UTF-8 infile -o outfile 将文件编码为 GBK 的 infile 转化为 UTF-8 的 outfile。

Sublime Text 编辑器默认也是不支持 GB18030 编码的，为了能正常显示中文文件，需要安装 Codecs33、ConvertToUTF8、GBK Support 等扩展包。值得注意的是，在使用 ssh 连接远程服务器的时候（包括使用 sftp 等文件传输客户端的时候），也要注意本地终端和远程终端编码的一致性（如 Xshell 中，"终端"-"编码"），否则也容易造成乱码的问题。因此，建议在所有涉及编码的地方都设置为 UTF-8，以保证编码一致性。

（2）文件换行格式

另一个在跨平台使用一个脚本文件时经常遇到的问题就是文件末尾格式不兼容的问题。在打印机时代，开始新的一行需要占用两个字符，＜Return＞（回车，ASCII 码为 0D，简称 CR）移到下一行，＜LineFeed＞（换行，ASCII 码为 0A，简称 LF），计算机诞生后，如何解决回车换行老问题，人们有了分歧，Unix/Linux 认为换行命令（LF）就够了，早期的 Mac 认同回车（LF），微软的 Dos/Windows 则坚持老方法回车换行（CR LF）的方案，因此如果你在 Windows 里面编写的文件转移到 Linux 下，就会导致脚本文件执行失败的问题。

如以下简单 shell 脚本 hello. sh：

```
#! /bin/bash
echo "hello \r"
```

如果是在 Windows 的 notepad 里面编辑并保存,那么传到 Linux 里面运行 ./hello.sh很可能报错-bash:./hello.sh:/bin/bash^M: bad interpreter:No such file or directory,初次遇到这个问题,可能会觉得莫名其妙,明明我的 bash 解释器/bin/bash 是对的啊。仔细观察可以发现,提示的是找不到/bin/bash^M,这里的^M 就是回车符 CR,如果在 Vim 里面打开也可以很清楚地看到这个文件显示为:

```
#! /bin/bash^M
echo "hello \r"^M
```

因此,执行的时候会出现问题。解决的一种办法就是使用 Vim 处理到这些多余的换行符,使用命令:w :setl ff=unix,另一种方法是使用 dos2unix 工具,具体命令为 dos2unix filename,而一劳永逸的办法则是,设置好保存文件的格式,让所有的编辑器都保存为 Unix 的 LF 方式,事实上,Atom 编辑器在编辑文件时,右下角会显示当前的格式,也很容易切换需要的格式。

9.2 PyNGL 和 PyNIO

9.2.1 PyNGL 及 PyNIO 简介及安装

PyNGL(念作"pingle")是 NCL 团队开发的 Python 模块,主要用途是将科学数据(NCL 能处理的数据)可视化并作图,尤其是来制作高质量的二维图形。PyNGL 基于 NCL 的图形库,使用 PyNGL 需要有一定的 Python 基础。Python 目前最新大版本是 Python3,但最流行的还是老版的 Python2.7,在学习和实践中一定要注意其中一些细微的语法区别。推荐 Python 入门书籍《Python 编程:从入门到实践》(Eric Matthes,2016),同时推荐快速入门范本《Python3 十分钟入门》(https://learnxinyminutes.com/docs/zh-cn/python3-cn/)或者《Python2 十分钟入门》(https://learnxinyminutes.com/docs/python/)。

PyNIO 也是基于 NCL 的一些基本库文件开发的 Python 模块,主要用来读写各种各样的科学数据,尤其是 NetCDF 格式的数据文件。PyNIO 和 PyNGL 结合几乎可以完成 NCL 能做的所有事情,而且结合 Python 强大、灵活的编程能力,应用潜力非常可观。PyNGL 和 PyNIO 在 http://www.pyngl.ucar.edu/官网上可以找到。

　　跟其他 Python 模块一样,安装 PyNGL 和 PyNIO 也非常简单,可以通过下载源代码,然后运行 python setup. py install;也可以通过 Python 包管理工具 pip 来安装 pip install PyNGL PyNIO。一般说来,安装 PyNGL 和 PyNIO 需要事先安装好 NumPy 及其他可能依赖的模块,因此,目前最推荐的方式,还是使用 Conda 来安装。Conda 开源的包管理系统和环境管理系统,可以安装软件包的多个版本和依赖,而且方便切换。和许多开源软件一样,Conda 也是款平台的软件,支持 Linux、OS X 和 Windows 等系统,是目前最流行的(Python)包管理和环境管理软件。安装 Conda 很简单,只需要到官网(https://conda. io/miniconda. html)下载相应的安装包,然后按提示运行安装就行了。安装好了 Conda 就可以通过运行如下命令来安装 PyNGL 和 PyNIO 了:

```
conda install -c conda-forge PyNGL PyNIO
```

　　Conda 会自动解决安装这两个模块可能的包依赖问题。其中命令中的-c conda-forge 意思是 PyNGL 和 PyNIO 不在 Conda 的默认源中,而是在 conda-forge 这个额外的源中,需要到这个源里面去下载;PyNGL 官网推荐的源是-c ncar,也就是说,也可以通过命令来安装:

```
conda install -c ncar PyNGL PyNIO
```

　　但为了和系统其他软件及模块匹配,笔者推荐使用-c conda-forge 源文件。为测试安装是否完成,可以运行 pynglex ngl01p 来看看 PyNGL 模块是否正确安装,并能否正常运行。

9.2.2　PyNGL 使用简介

　　安装完上述两个模块就可以编写 Python 脚本进行数据处理以及作图了,PyNGL 官网有比较齐全的文档(见 http://www. pyngl. ucar. edu/Functions/)和示例(见 http://www. pyngl. ucar. edu/Examples/gallery. shtml)。简单说来,使用 PyNGL 来处理数据和作图需要以下四个步骤。

　　(1)读取数据。数据可以是 Python 其他模块读取的,PyNIO 读取的,也可以是 PyNGL 脚本自身计算产生的。

　　(2)处理数据。对数据进行加工,如单位转换、插值、缺测值处理等。

　　(3)可视化与作图。根据需要,使用相应数据进行等值线图、矢量图、流线图等的作图。

　　(4)写出数据。处理的数据写到相应的文件。

　　脚本 plot-vector. py 将结合一个简单的例子(图 9.3)来讲解具体的用法。

```python
#-*- coding：UTF-8 -*-
#        设定文本编码为 UTF-8
#   文件：
#      vector1.py
#
#   目的：
#      展示如何画风矢量(本例分别展示全球和区域)
#
#   步骤：
#      o 读取 netCDF 文件
#      o 设定地图绘图参数
#      o 设定图例等绘图参数
#      o 作图


importnumpy, os    # 载入相关的 Python 模块
importNgl, Nio      # 载入 pyNgl 和 pyNio 模块


#--定义文件夹文件名等变量
diri     = "../data/"                              #数据文件夹
fname    = "rectilinear_grid_2d.nc"                #数据文件名


minval =   250.                                   #温度等值线最小值
maxval =   315                                    #温度等值线最大值
inc    =   5.                                     #等值线间隔值


#--打开 netCDF 文件并读取变量
f        = Nio.open_file(diri + fname,"r")   #打开文件
temp     = f.variables["tsurf"][0,::-1,:]   #读取第一个时次变量,并将
           纬度反转(使之从小到大排列)
u        = f.variables["u10"][0,::-1,:]     #同上
v        = f.variables["v10"][0,::-1,:]     #同上
lat      = f.variables["lat"][::-1]         #读入纬度信息,并重新排序
```

```
lon      = f. variables["lon"][:]                    ♯读入经度信息

nlon     = len(lon)                                  ♯纬度数
nlat     = len(lat)                                  ♯经度数


♯--打开一个工作站标识符
wkres                 =   Ngl. Resources()   ♯工作站标识符的设置
wkres. wkColorMap     = "BlGrYeOrReVi200"
♯wkres. wkColorMap = "BlAqGrYeOrRe"     ♯选择合适的 colormap
wkres. wkWidth        =   1024                ♯设置图像水平分辨率(宽
    度)
wkres. wkHeight       =   1024                ♯设置图像水平分辨率(高
    度)
wks_type              ="pdf"                 ♯图像输出类型(png,也可
    以是 pdf 等)
wks                   =Ngl. open_wks(wks_type,"Py_vector",wkres)


♯--画第一张图:全球风矢量
res                       =   Ngl. Resources()
res. vfXCStartV           =   float(lon[0])       ♯经纬度范围值
res. vfXCEndV             =   float(lon[len(lon[:])-1])
res. vfYCStartV           =   float(lat[0])
res. vfYCEndV             =   float(lat[len(lat[:])-1])


res. tiMainString         =   "~F25~Wind velocity vectors"
                                              ♯图题
res. tiMainFontHeightF    =   0.024              ♯设置图题字体大小


res. mpLimitMode          = "Corners"            ♯设置图像地图形式
    和地理范围
res. mpLeftCornerLonF     =   float(lon[0])
res. mpRightCornerLonF    =   float(lon[len(lon[:])-1])
```

```
res. mpLeftCornerLatF          =    float(lat[0])
res. mpRightCornerLatF         =    float(lat[len(lat[:])-1])


res. mpPerimOn                 =    True          #打开地图边线


res. vcMonoLineArrowColor      =    False         #矢量以彩色形式绘制
res. vcRefLengthF              =    0.045         #设置风矢量参考长度
res. vcRefMagnitudeF           =    20.0          #设置风矢量参考量值
res. vcLineArrowThicknessF     =    3.0           #风矢量线加粗(默认值1)


res. pmLabelBarDisplayMode     =    "Always"      #色标显示的设置
res. lbOrientation             =    "Horizontal"  #色标方向(水平显示)
res. lbLabelFontHeightF        =    0.008         #色标字体大小


#--画出第一张图
map1 = Ngl. vector_map(wks,u[:,:3,:,:3],v[:,:3,:,:3],res)
                                             #画图,画出风矢量图


#--第二张图,区域风矢量和温度


res. mpLimitMode               =    "LatLon"      #选定需要画图的区域
res. mpMinLatF                 =    18.0
res. mpMaxLatF                 =    65.0
res. mpMinLonF                 =    65.
res. mpMaxLonF                 =    128.


res. mpFillOn                  =    True          #打开地图填充
res. mpLandFillColor           =    "Gray90"      #陆地颜色设置为灰色
res. mpOceanFillColor          =    -1            #设置海洋等水体透明
    显示
res. mpInlandWaterFillColor    =    -1            #设置内陆水体颜色为
    透明
```

```
# res. mpGridMaskMode          = "MaskNotOcean"   # 不显示陆地
res. mpGridLineDashPattern     = 2             # 网格格点类型
# res. mpOutlineBoundarySets   = "GeophysicalAndUSStates"
    # 地图和边界


res. vcFillArrowsOn            = True          # 填充矢量图箭头
res. vcMonoFillArrowFillColor  = False         # 矢量图为彩色
res. vcFillArrowEdgeColor      = 1             # 箭头边线颜色为黑色
res. vcGlyphStyle              = "CurlyVector" # 矢量为曲线而非
    直线
res. vcLineArrowThicknessF     = 3.0           # 矢量线宽度(默认为1)


res. tiMainString              = "~F25~Wind velocity vectors"
    # 图题


res. lbTitleString             = "TEMPERATURE (~N~K)"
    # 色标标题
res. lbTitleFontHeightF        = 0.010         # 色标字体大小
res. lbBoxMinorExtentF         = 0.18          # 缩小色标宽度


# --画出第二张图——颜色代表温度
map2 =
    Ngl. vector_scalar_map(wks,u[::1,::1],v[::1,::1],temp[::1,::1],
    res)


# --程序结束
Ngl. end()
```

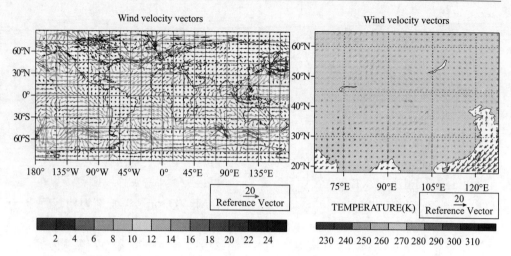

图 9.3　使用 PyNGL 绘制的全球风速和区域风速图,其中区域风速矢量颜色代表不同的
地表温度(附彩图)

可以看到,上述 Python 脚本除了语法以外,和 NCL 脚本结构基本是一致的,和 NCL 先载入(load)一些常用函数一样,Python 也要先载入一些常用函数(模块,使用 import),然后打开文件,读取变量,设置图的一些参数,画图,(如果有的话)写数据;而且其中大部分图形的设置和 NCL 里面也是一样的,比如对矢量图的线宽设置,都是 vcLineArrowThicknessF,不过根据 NCL 的语法,是 res@vcLineArrowThicknessF ,而根据 Python 的语法,应写作 res. vcLineArrowThicknessF。所以,只要会 NCL,再加上一些 Python 的基础,使用 PyNGL 和 PyNIO 来进行数据处理和作图是完全没问题的。

运行的时候,和 NCL 的程序类似,只需要在相应的目录运行 python vector1. py 就可以了。

当然,以上只是一个简单的例子,更多的例子可以参见 http://www. pyngl. ucar. edu/Examples/gallery. shtml。读者完全可以仿照上述的例子将自己的 NCL 程序改写为 PyNGL 的程序。

9.3　Python、Matplotlib 以及 Basemap 等

当然,Python 经过多年发展,很多个人和机构为其开发了大量的科学计算和作图的程序包,以下将简要介绍一些读者在处理大气、海洋等数据时可能用到的 Python 程序包。

9.3.1　Python 科学计算及作图简介

　　Python 在开发之初,是和 Perl 进行竞争的,主要用于系统管理和文本处理等,并不是专门用于数据处理。Python 大量地用于数据处理,归功于 NumPy(http://www.numpy.org)。NumPy 是 Python 科学计算的基础,它使得 Python 处理数组和矩阵更加方便,同时使得整合 C/C++ 和 Fortran 程序更加方便,另外,其中还有大量的线性代数、傅里叶变换和随机数生成等数值计算必备函数,因此,目前大多数 Python 科学计算及作图的程序包几乎都是基于 NumPy 的。

　　SciPy(http://www.scipy.org)是另一个很重要的 Python 程序包,它提供了科学计算常用的函数,包括但不限于积分类、最优化、傅里叶变换、信号处理、线性代数、统计函数、输入输出函数等。

　　事实上,SciPy 也可以看作是“Scientific Computing Tools for Python”的简称,其中核心组件包括 NumPy、SciPy 库、Matplotlib、pandas、SymPy 和 IPython 等。Matplotlib(http://matplotlib.org/)是 Python 的 2D 图形库,几乎能用于任何 2D 图形的绘制,同时也能用于一些简单的 3D 图形的绘制,详细的例子参见 http://matplotlib.org/gallery.html。NumPy、SciPy 和 Matplotlib 加起来大致类似于 Matlab 或者 Octave 等数值计算和科学作图软件。pandas(http://pandas.pydata.org)是专注于高效、简单的数据处理工具,尤其是包含大量统计中常用的方法、函数等,可以看作是用 Python 实现的 R、SAS 等。SymPy(http://www.sympy.org/)则是专门为了符号计算和计算机代数开发的 Python 包,类似于 Python 版的 Mathematica、Maple 和 Maxima。IPython(http://ipython.org)是加强版的 Python 外壳(shell),为科学计算、交互式数据可视化、并行计算等提供方便的界面和很多有用的特性,有了 IPython,我们不必事先将脚本写好然后运行,而可以方便地一步一步地输入我们的命令,并及时查看结果和图形等。有了以上工具(Python 包)的组合,我们相当于有了 Python 版的 Matlab、R、Mathematica 等强大的软件,而且还都是免费(且开源)的。

　　另外,还有强大的三维绘图包 Mayavi(http://code.enthought.com/projects/mayavi/)、图像处理包 scikit-image(http://scikit-image.org/)、机器学习包 scikit-learn(http://scikit-learn.org)和统计模型包(http://statsmodels.org)等,更不用说目前比较热门的 TensorFlow (https://github.com/tensorflow/tensorflow) 和 Theano(https://github.com/Theano/Theano)等深度学习包,在此不再赘述,感兴趣的读者可以自行了解。

　　值得一提的是,以上介绍的软件包都可以通过 conda install 非常方便地安装。

9.3.2　大气和海洋科学常用的 Python 程序包简介

　　大气科学和海洋科学由于经常处理的数据以及绘制的图形特殊性,如果使用通用程序包(如 SciPy、Matplotlib 等)会比较繁琐,因此一些专用的程序包应运而生。CDAT (Climate Data Analysis Tools)是比较早的专用于大气科学数据处理和图形绘制的 Python 程序包,现在已经演变为功能更强大的 UV-CDAT,可以作为一个单独的软件安装使用,可以用于一些高级的三维图形绘制(见 https://uvcdat. llnl. gov/gallery. html); pygrads(见 http://wiki. opengrads. org/index. php? title=Python_Interface_to_GrADS)是 GrADS 的 Python 接口,可以在 Python 中轻松调用 GrADS,对 GrADS 熟悉的读者可以很轻松地使用这个程序包,结合 Python 其他强大的功能同时享受 GrADS 简洁的操作; Basemap(见 http://matplotlib. org/basemap)是在 Matplotlib 基础上开发的专门绘制带有地理坐标及各种地图投影的图形,很适合用于大气科学等常用图形的绘制(见 http://matplotlib. org/basemap/users/examples. html),目前已经停止了开发,逐渐被 I-RIS(见 http://scitools. org. uk/iris/docs/latest/gallery. html)和 Cartopy(见 http://scitools. org. uk/cartopy/docs/latest/gallery. html)替代。此外还有用于地理信息系统常用数据处理的 GDAL(见 http://www. gdal. org)、专用于地图投影处理的 pyproj(见 https://github. com/jswhit/pyproj)、用于 netCDF 数据处理的 netCDF4 等程序包。

9.3.3　Basemap 和 Cartopy 程序包简介及示例

　　Matplotlib 程序包是 Python 里面最著名、最常用的绘图模块(绘图包),各行各业的人都可以调用其中的函数进行各种图形的绘制,但是默认的函数几乎都是基于 XY 坐标的(当然也有基于极坐标的),很少有基于地球经纬网格(LatLon)坐标的,因此,Basemap 应运而生。Basemap 是建立在 Matplotlib 基础上的一个模块,是 Matplotlib 额外工具集的一部分(mpl_toolkits)。使用 Basemap 可以轻松进行各种投影地图的绘制,也可以基于各种投影进行常用气象海洋图形的绘制,支持的投影类型可以参见 http://matplotlib. org/basemap/users/mapsetup. html,绘制底图投影类型、底图类型以及将数据绘制到底图上等具体操作步骤和文档参见 http://matplotlib. org/basemap/。脚本 plot-vector-basemap. py 将结合一个简单的例子简要介绍相关的内容。

```
#-*- coding：UTF-8 -*-              # 设置整个文件的编码
import numpy                        # 载入 numpy 模块
import matplotlib. pyplot as plt    # 载入 matplotlib 的相应模块,并简
    化为 plt
import netCDF4                      # 载入 netCDF4,以便更好地读写数据
```

```
from pylab import  *
from mpl_toolkits. basemap import Basemap
                            # 载入 Basemap 模块

mpl. rcParams[' font. sans-serif '] = [' Droid Sans Fallback ']
                            # 设置图形中的中文字体


infile    = '. . /data/rectilinear_grid_2d. nc '  # 打开并读取相应的文件变量
f         = netCDF4. Dataset(infile)
# print(f)
u10       = f. variables[' u10 '][0,:,:]
v10       = f. variables[' v10 '][0,:,:]
lat，lon = f. variables[' lat '], f. variables[' lon ']


# 设置底图投影方式和经纬度范围等
m         = Basemap(projection=' cyl ',llcrnrlat=20, urcrnrlat=70, llcrnr-
    lon=70,urcrnrlon=140,resolution=' c ')


# 将使用经纬度一维变量生成二维网格
lons,lats = numpy. meshgrid(lon,lat)
X, Y      = m(lons,lats)


speed     = numpy. sqrt(u10 * u10＋v10 * v10) # 根据 U、V 计算风速


# 设置并画出需要的经纬网格
parallels = numpy. arange(20，70，15.)
meridians = numpy. arange(70，140，15.)
m. drawparallels(parallels, labels=[1, 0, 0, 0])
m. drawmeridians(meridians, labels=[0, 0, 0, 1])


# 画出底图的一些信息,如大陆地图、边界线等
m. drawmapboundary()
m. fillcontinents(color =' #cc9955 ', lake_color = ' aqua ', zorder = 0)
```

```
m. drawcoastlines(color = '0. 15')

# 使用 basemap 里的 quiver 函数画风矢量场
Q=m. quiver(X, Y, u10, v10, speed, latlon=True , cmap=get_cmap('jet'), scale
    =200)
# 画出参考风矢量
qk=plt. quiverkey(Q, 0. 95, 1. 05, 10, '10 m/s', labelpos='W')

# 画出图形的标题,注意这里有中文,字符串前面加上 u,表示此处为
    UTF-8 字符串
plt. title(u'地表风速 Surface Winds', y=1. 075)
plt. savefig(' basemap_vec. pdf')

# 显示画出的图形文件
plt. show()
```

基本步骤和前面的绘图脚本基本一致,先打开文件读取变量,然后进行图形的绘制。但这里和 NCL 或者 pyNGL 不同的是不管是海岸线还是经纬网格,都是要用函数来显示。以上脚本绘制结果见图 9.4。

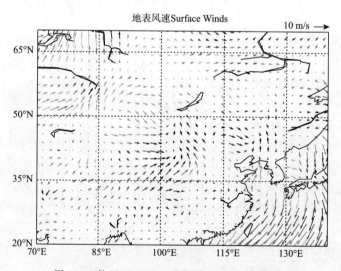

图 9.4　使用 Basemap 绘制风矢量图(附彩图)

值得注意的是,由于 Python 是支持多种编码的,因此 NCL 里面很难实现的中

文支持,在 Python 之中却很容易实现。首先在行首指定脚本的编码,如前所述
(9.1.5 节),一般用 UTF-8 编码,然后在需要中文的字符串前面加上 u 即可,如在上
面的例子中,我们的标题就使用了中文字符。在 Matplotlib(Basemap) 的绘图脚本
中,只是把脚本文件编码设置为 UTF-8 还不够,还需要设置相应的字体为支持中文
的字体。本例中"mpl.rcParams['font.sans-serif'] = ['Droid Sans Fallback']"一句
即是进行相应的设置,其具体含义是将所有图形中的"sans-serif"字形都改为系统中
的"Droid Sans Fallback"字体,当然具体使用什么字体,视具体需求和系统中已有的
字体而定。在 Linux、Mac、Unix 和 BSD 等系统中,可以通过命令"fc-list :lang=zh"
来列出当前系统里面所有支持中文的字体。

9.4　CDO 和 NCO

NCL 可以很方便地对常用数据格式进行处理,但有时候需要大批量地对一些数据
进行简单的处理,如对 CMIP5 所有模式日数据插值到统一的网格,并求其月平均和年
平均;或者需要将 GrADS 使用的二进制数据快速转化为 netCDF 文件。这样的程序
用 NCL 来处理,会比较繁琐,而使用其他一些专门用来处理数据的程序则会大大简化
相应的过程,以下将简要介绍常用的 CDO 和 NCO 程序,并给出一些应用的示例。

9.4.1　CDO

从全称可以看出,CDO(Climate Data Operators)是一个用来对气候数据进行各
种处理的程序集,它是由马普气象研究所开发的(见 https://code.mpimet.mpg.de/
projects/cdo),由于 CDO 基于命令的特性,可以很好地和 Shell 脚本结合,大批量地
集中处理数据。目前有 700 多个命令,支持 GRIB 1/2、netCDF 3/4、SERVICE、EX-
TRA 和 IEG 等数据格式(截至 2017 年 10 月,CDO 最新版本是 1.9.1)。

CDO 适合运行在各种类 Unix 的系统,包括但不限于 Linux、FreeBSD、OpenBSD、
AIX、Darwin(macOS)等,安装可以直接下载源代码然后通过 configure-make 标准流程
来进行,这种方法要求系统中有完善的 GRIB、netCDF、HDF5 以及 PROJ.4 等相关库文
件;在 Ubuntu(包括 Windows 10 里面的 Bash on Windows)、Debian 等系统中可以通过
sudo apt-get install cdo 来进行,系统会自动处理相关的库依赖问题;而在 macOS 中则
可以通过 brew tap homebrew/science; brew install cdo 来安装等。

基本的使用方法和大部分类 Unix 中的程序类似,在命令行中通过相关的命令
行选项来选择不同的数据处理方法以及输入输出文件。基本的语法为:

cdo [命令行选项] 操作 1 [,操作 2] 输入文件 输出文件　　等

常用的命令行选项如下：

-a：生成绝对时间轴（时间从 0001-01-01 开始）

-f ＜格式名＞：设置输出文件格式，可选有效格式为：grb1/grb、grb2、nc1、
　　nc2/nc、nc4、nc4c、srv、ext、ieg

-g ＜网格名＞：设置网格形式，可以是 r＜NX＞x＜NY＞，lon＝＜LON＞/
　　lat＝＜LAT＞，n＜N＞等，详情见 CDO 官方手册网格描述部分

-h：各种操作的说明文档，如需要查找 monmean（求月平均）的用法，可以
　　cdo -h monmean 来查看

-m ＜缺省值＞：设定数据的缺省值

-P ＜线程数＞：设定 CDO 并行运行的线程数

-r：与-a 相对，设定为相对时间轴

如果不设置命令行选项，则会输出 CDO 的主要用法、主要选项和全部操作命令。

CDO 的操作命令名一般是操作的缩写。如 dayavg、eof、fldsum、hourmax、mon-mean、remapbil、showtime 等，这些操作大致也分为数据处理、数据查看、数据设置等几类，具体可以参考官方手册。以下给出几个常见的命令。

cdo -r timmean infile. nc outfile. nc　　# timmean 表示计算所有时次平均

cdo -r timstd infile. nc outfile. nc　　# timstd 表示计算时间维上的标准差

cdo fldmean infile. nc outfile. nc　　　# fldmean 表示计算每个时次的面积
　　平均

cdo runmean,11 infile. nc outfile. nc　　# runmean 表示 11 个时次的滑动
　　平均

cdo　remapbil,n32　ifile　ofile　　# 将 ifile 双线性插值至高斯 N32 网格
　　上，并输出至 ofile

cdo　remapbil,r360x180　ifile　ofile # 将 ifile 双线性插值至 1°×1°网格
　　上，并输出至 ofile

CDO 命令也可以组合使用，这将极大减少临时文件的生成，同时提高运行效率。假设 infile 为日数据，执行如下命令：

cdo ydaymean -runmean,5 infile outfile

它将先对输入文件 ifile 里面的变量算一个 5 天的滑动平均（-runmean,5），然后在此基础上求取多年的日平均（ydaymean）。值得注意的是，CDO 里的求平均有 avg 和

mean 两种方式,其区别在于处理缺测值的方式不同,对于一个 1 维序列(/1, 2, －999 ,4/),其缺测值为－999,则 mean＝(1＋2＋4)/3,而 avg＝(1＋2＋miss＋4)/4 ＝miss。这是计算中需要注意的。另外,CDO 选项前面则一般需要加上"-"符号,而 操作命令前面一般不需要加"-",但有时在多个操作命令组合时,为与后续文件名等 区分,建议操作命令前也加上"-"符号。

再如有一个二进制数据文件及对应的 ctl 文件(GrADS 软件处理所需),要将其 转换为 NetCDF 文件,则可执行如下命令:

```
cdo -f nc -import_binary infile. ctl outfile. nc
```

其中,-f nc 表示输出为 nc 格式,import_binary 表示要导入的数据是二进制数据,其 对应的 ctl 文件名为 infile. ctl。

如果要将上述二进制数据插值到全球 $1°×1°$ 的网格中,并保存为 outfile. nc 文 件,则执行如下命令:

```
cdo -f nc remapbil,r360x180 -import_binary infile. ctl outfile. nc
```

其中,-remapbil,r360x180 表示使用双线性插值方法插值到 $360×180$ 的网格上。

以下进一步给出 cdo 命令组合使用的四个示例:

```
cdo -r -f nc selvar,temp,u10,v10 infile. nc outfile. nc ♯selvar 表示提取一
    个或多个变量,该命令表示从文件 infile. nc 中提取 temp,u10,v10 这
    三个变量,并将其输出至新的 outfile. nc 文件中
cdo -r -f nc yearmean infile. nc outfile. nc    ♯yearmean 表示计算数据的年
    平均值
cdo -sub infile. nc -detrend -fldmean infile. nc outfile. nc ♯首先利用 fld-
    mean 求取面积平均以获得一个时间序列,其次利用 detrend 去除该时
    间序列的趋势,最后通过 sub 将其从原数据中减去
cdo -r -fldmean -seltimestep,1/10 -selvar,temp infile. nc outfile. nc ♯首先
    从 infile. nc 文件中提取变量 temp,再选取该变量最前面的 10 个时次,
    计算面积平均,最后输出至 outfile. nc
```

下例以一个简单的 Shell 脚本来演示如何结合 shell 脚本批量处理数据。假设 目录 model_data 下面有上百个 nc 文件,全部为模式输出文件,文件名长短不一,但 都为英文字母、数字和下划线且没有空格,文件分辨率不一,现在要统一插值到全球 $0.5°×0.5°$ 的网格中,并全部保存到 regrided 文件夹中,保留文件名,并在原文件名

后面加上 _regrided 后缀，可以使用如下 shell 脚本：

```
#! /bin/bash  # 使用 bash
mkdir -pregrided    # 创建 regrided 文件夹（如已存在，则不操作）
forinfile in `ls model_data/ * . nc`  # 列出 model_data 文件夹下面所有 nc
    文件,并把这些文件名依此赋值给 infile 循环处理
do
    outfile=`echo "$ {infile%. * }_regrided. nc"`  # 将原文件名提取出
        来,不保留扩展名,并在后面加上_regrided. nc,同时赋值到 outfile 变
        量(相应地,获取扩展名可以使用$ {infile#. * })
    cdo remapbil,r720x360 $ {infile}  regrided/$ {outfile}  # 使用 cdo
        进行插值
done        #结束循环
```

上述脚本先创建了文件夹,然后列出所有 model_data 文件夹中的 nc 文件,并使用这些文件名循环进行操作,使用 $ {infile%. * } 提取文件名,去掉所有文件名的扩展名".nc",然后加上_regrided. nc 后缀,得到所需的输出文件名,最后使用 cdo 插值并保存到目标文件夹,通过 shell 脚本循环的方式,大大节省操作的时间。

值得提醒的是,CDO 现在增加了极端气候指数计算的操作命令,这些命令都以 eca 开头,具体可以在 https：//code. mpimet. mpg. de/projects/cdo/embedded/cdo_eca. pdf 查看；而通过与 ECMWF 开发的 MAGICS 库文件结合,CDO 现在可以绘制等值线(包括 contour、grfill 和 shaded)、矢量图和折线图,如 cdo grfill,colour_min="red",colour_max="blue",device="pdf" ifile ofile,使用 grfill 填色方式画等值线并把图形文件保存为 pdf 格式,具体用法可以在 https：//code. mpimet. mpg. de/projects/cdo/embedded/cdo_magics. pdf 查看。另外,CDO 现在提供了 Python 的扩展程序包,可以在 Python 中调用 CDO 的各种功能,具体可以参见 https：//code. mpimet. mpg. de/projects/cdo/wiki/Cdo{rb,py},其中还提供了对脚本语言 Ruby 的支持。

9.4.2　NCO

NCO(NetCDF Operator)是另一个可以对各种常用数据操作、处理的程序,和 CDO 有着类似的功能,但是在处理 CESM、WRF 等模式数据以及 NASA 等机构的卫星数据方面有一定优势。安装同样可以通过源码、conda、apt-get 以及 brew 等方式,在 http：//nco. sourceforge. net/#Executables 有各种操作系统的二进制程序包下载或者安装说明。详细的文档可以参考 http：//nco. sourceforge. net/#RTFM。需要说明的是,CDO 是使用一个命令,并通过选择不同操作符和选项的形式来进行

操作,而 NCO 则是一个命令集,完成不同类型的操作需要使用不同的命令,如用于文件或变量属性编辑的 ncatted、用于二进制文件操作的 ncbo、用于计算数据气候态的 ncclimo、用于数据插值的 ncflint 和 ncremap、用于计算加权平均的 ncwa 等。具体命令列表参见 http://nco. sourceforge. net/♯Definition,全部文档参见 http://nco. sourceforge. net/nco. html。

前面 CDO 的例子用 NCO 来计算,但不添加后缀_regrided 的话,可以通过简单的命令 ncremap -I model_data -d　dst. nc -O regrided,这条命令会将输入文件夹 model_data 里面的所有文件(-I 选项)插值到与 dst. nc 相同的网格上去,并将结果保存到 regrided 文件夹(-O 选项),注意此处需要 dst. nc 文件,其中的坐标网格正是我们需要的目标网格。NCO 支持类 Unix 系统的管道技术,可以使用管道来进行文件的输入输出,因此上面的命令还可以写作 ls model_data/ ＊. nc | ncremap -d dst. nc -O regrid ,如果还需要对上面的所有文件计算夏季气候态,可以写为 ls model_data/ ＊. nc |ncclimo - -seasons＝jja |ncremap -d dst. nc -O regrid 。

9.5　包含在 NCL 软件包中的其他 shell 命令

和 NCL 软件包一起安装的,还有其他一些比较实用的命令,常用的有 ncl_filedump、ncl_convert2nc、ng4ex 和 WRAPIT 等。

(1)ncl_filedump 和 ncdump -h 类似,输出文件的基本信息。和 ncdump 的区别在于,ncl_filedump 除了支持 netCDF 文件以外,还支持 NCL 支持的其他格式的文件,如 HDF、GRIB1、GRIB2 和 shapefile 等。

(2)ncl_convert2nc 从这个命令的文件名可以看出,这个是把其他文件转换为 netCDF 格式的程序,支持 GRIB1、GRIB2、HDF、HDF-EOS 和 shapefile 等文件格式。

(3)ng4ex 是一个脚本文件,旨在展示 NCL 软件包里面一系列的示例。可以通过在命令行输入 ng4ex 查看具体的用法,简单来说,命令行选项分为两类,其中一类是指定示例的语言等类别,如-C、-Fortran、-NCL 选项分别指定(只)展示 C 语言、Fortran 语言和 NCL 语言的例子,而-contourplot、-legend、-mapplot、-streamlineplot 和-vectorplot 等则是指定作图类型的例子,如我们要查看所有的矢量图的 NCL 例子,可以通过运行 ng4ex -NCL -vectorplot 来依次查看运行效果。值得说明的是,C 语言和 Fortran 语言的例子文件在 ＄NCARG_ROOT/lib/ncarg/examples,而 NCL 的例子文件则保存在 ＄NCARG_ROOT/lib/ncarg/nclex。可以自行前往查看例子文件源代码。

(4)WRAPIT 是使用 Fortran(77 或者 90)来调用 NCL 的运行方式,使用这个命令可以很方便地在 Fortran 代码里调用 NCL 的功能,以简化 Fortran 代码并实现各种强大的功能。具体用法可以通过运行 WRAPIT -h 来查看,或者参见 https://www.ncl.ucar.edu/Document/Tools/WRAPIT.shtml。

9.6　VAPOR 和 UV-CDAT

　　大气在三维的空间中流动,如果能以三维图的形式直观展示变量的分布及其变化,那么无疑对我们理解变量的变化是非常有用的。NCL 一般用于二维图形的绘制,前面介绍的 Matplotlib、IRIS、Cartopy 等也比较擅长二维图形的绘制,三维图形及动画的制作能力不强;Mayavi 擅长三维图形的制作,但是用于大气领域还需要一定的调整。VAPOR(Visualization and Analysis Platform for Ocean, Atmosphere, and Solar Researchers)是由 NCAR/UCAR 为海洋、大气和太阳研究者而开发的可视化与分析平台,VAPOR 能运行在类 UNIX 和 Windows 平台,能进行三维图形和三维动画的制作,而且可以直接读取 WRF、MOM、POP、ROMS 和其他的 GRIB 及 NetCDF 数据。VAPOR 不仅是一个绘图及数据分析平台,还提供 Python 的接口,可以使用 Python 脚本来调用相关的功能进行相应的操作,具体的安装、使用等信息详见官网(https://www.vapor.ucar.edu)。

　　UV-CDAT(Ultrascale Visualization Climate Data Analysis Tools)是由 LLNL (Lawrence Livermore National Laborat)在 CDAT 基础上开发的强大和全功能的气候数据处理及分析软件平台,同样可以在各种类 Unix 系统和 Windows 下安装运行,同时还可以通过 conda 来安装,并且能和 Python 紧密结合,进行各种数据分析(详见 https://uvcdat.llnl.gov/)。

　　在安装好 UV-CDAT 以后,脚本 plot-UV-CDAT.py 即可绘制简单的三维纬向风场图(图 9.5)。

```
'''
From https://uvcdat.llnl.gov/examples/vcs3d_uwnd_volume.html
'''
import vcs, cdms2, sys  # 载入 UV-CDAT 中的 vcs(图形相关)、cdms2
    (数据相关)包以及系统的 sys 包

x = vcs.init()          # 初始化图形环境
f = cdms2.open( vcs.prefix+"/sample_data/geos5-sample.nc" )
                        # 使用 cdms2 的数据导入功能打开相应的 nc 文件
```

```
dv3d =vcs. get3d_scalar() ♯使用 vcs 包里的三维 绘图功能,定义 dv3d
    这个三维对象
dv3d. ToggleVolumePlot = vcs. on   ♯打开三维填充功能
dv3d. Camera={' Position ': (-161, -171, 279),' ViewUp': (. 29, 0. 67,
    0. 68),' FocalPoint': (146. 7, 8. 5, -28. 6)}
                                    ♯设定三维图形的视角
dv3d_v =vcs. get3d_vector()    ♯定义此处使用
v = f["uwnd"]                      ♯读取上述文件的"uwnd"变量
dv3d. VerticalScaling = 4. 0
dv3d. ScaleColormap = [-46. 0, 46. 0, 1]
dv3d. ScaleTransferFunction =[10. 0, 77. 0, 1]   ♯设定三维图形 color-
    map 等属性
x. plot( v, dv3d )                 ♯绘制三维的图形
x. png("uwnd_volume. png")        ♯保存绘制好的图形
```

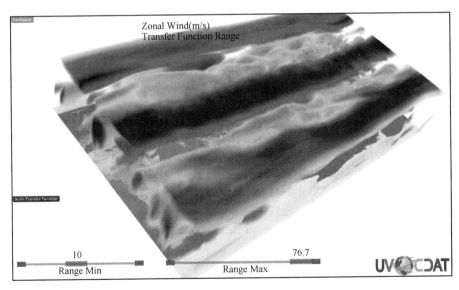

图 9.5　使用 UV-CDAT 来进行三维纬向风场的绘制(附彩图)

可见,使用 UV-CDAT 绘图是相当简单的。当然,具体的安装和使用请参见官
网:https://uvcdat. llnl. gov/。

思考题 *

1. 下载 data-exercises 中"txt"为结尾的降水资料文件,r1606. txt、r1607. txt 和 r1608. txt 为国家气候中心提供的 1951 年至 2011 年 160 站 6、7、8 月降水资料(ht-tp://ncc. cma. gov. cn/Website/index. php? ChannelID = 43＆WCHID = 5),sta-tion-name. txt 与 160stations. txt 分别为 160 站的站点名称与经纬度位置,请完成以下操作要求。

(1)计算各站的每年夏季(JJA)降水量,将 1979 年至 2008 年这一时间段的数据输出为无格式二进制文件。

(2)绘制北京、上海、丽江、乌鲁木齐四个台站的逐年夏季降水量。用四根不同线型、颜色、粗细的折线表示四个台站的夏季降水量。添加降水量数值为 150 的阈值线,标出 2000 年对应的直线。添加图例并将其移至图中。

(3)计算北京站自 1979 年后各年的夏季异常降水量,用直方图表示。用黑色直方图表示大于正异常,灰色直方图表示负异常。

(4)用直方图表示北京及上海两站在 1980、1990、2000 年这三年中的夏季降水量。在一幅图中用不同图形的直方图表示两个台站,添加图例。

2. 下载 data-exercises 中的 sst-197901-201501. nc、h300-197901-201412. nc、u850-197901-201412. nc、v850-197901-201412. nc 和 air2m-197901-201412. nc。第一种资料为海表面温度(sea surface temperature,SST),为美国大气与海洋局扩展的重建海表面温度(ERSST)第 4 版资料,其余四种资料均为 NCEP/DOE AMIP-II 再分析资料(Kanamitsu et al,2012)。请完成以下操作要求。

(1)读取 1979 年 1 月至 2014 年 11 月的 sst、h300、u850、v850、air2m。注意,各变量的分辨率、时间长度不同。选取 1979 年 12 月至 2014 年 11 月这一共同时段进行处理分析。

(2)计算各变量的冬季(DJF)平均及每年的冬季异常。计算 nino3.4 指数(区域平均),并挑选出大于 0.8 个标准差的所有年份并进行合成和检验(t 检验)。

(3)绘制合成的厄尔尼诺(El Nino)年,(Bjerknes,1966,1969)的 sst、h300、

---

* 思考题答案在《NCL 数据处理与绘图实习教程》(施宁等,2017)一书中。

V850 及 T_{2m}。绘制图形时(a)经纬度线间隔取 15 度,用细虚线表示;(b)用两种灰色分别表示通过 95% 及 99% 显著性检验的区域;(c)绘制 sst 合成场时,仅绘制 $-0.75, -0.25, 0.25, 0.75$ 和 1.25 这 5 根等值线;(d) 绘制合成的 h300 及 850 hPa 风场时,将 850 hPa 的风场叠加在 h300 场上;(e) h300 的等值线间隔为 15;(f) 绘制 T_{2m} 时,仅绘制从 -2 至 2,间隔为 0.5 的等值线;(g)在海温合成图上用一定程度的透明填色表示 nino 3.4 区,边框用黑色;(h)三幅子图分两行摆放,第 1 行 1 幅图,第 2 行 2 幅图,且每幅图上添加标号及各变量名称;(i)整组图的图题上方写上"El Nino"。

3. 下载 data-exercises 中月平均的海平面气压场资料 mslp. mon. mean. r2. nc、气温资料 air. mon. mean. nc 以及位势高度场资料 h300-197901-201412. nc,请完成以下操作要求。

(1)对 1979 年至 2012 年每年 1 月 20°N 以北的海平面气压(SLP)场进行 EOF 分解,第 1 模态即为北极涛动(Arctic Oscillation, AO)(Thompson and Wallace, 1998)。对该第一模态进行 North 检验(North et al,1982),如果它能显著地与其余模态相分离,则在图的正上方写上"EOF1 is significant"。EOF 分解时,须以各格点的纬度余弦值为权重。对 EOF1 的时间序列进行标准化,并输出为 NetCDF 数据。绘制 SLP 场对 EOF1 时间序列的回归图,并进行 t 检验。北半球极射赤面投影,地图最下点经度为 180°,纬度为 10°N。

(2)用折线表示时间序列 PC1 及其 9 年滑动平均值,正值用灰色填色。

(3)计算 PC1 与各层纬向平均气温(air. mon. mean. nc)的相关关系。对 PC1 与气温场相关关系进行显著性检验,通过 95% 显著性检验的区域用灰色阴影叠加。

(4)对 300 hPa 上 65°N 以北地区以格点面积为权重的区域平均位势高度场(h300-197901-201412. nc)定义极涡强度指数。以 PC1 即 AO 指数为 X 轴,以极涡强度指数为 Y 轴,用散点图表示 1979 年至 2010 年每年 1 月情况。添加两者的线性拟合直线,标题上显示出两者的相关系数。

4. 下载 data-exercises 中的 1979 年至 2008 年中国 160 站夏季平均降水量数据 preci-160-JJA-30yr. grd,绘制江苏省夏季气候平均降水量。

5. 下载 data-exercises 中的 NCEP/DOE AMIP-II 再分析资料 300 hPa 位势高度场 h300-197901-201412. nc,绘制 1979 年 1 月位势高度场。采用卫星投影,海洋、陆地用不同颜色填充,在低压与高压中心分别标记"L"和"H"。

6. 下载 data-exercises 中的 air2m-197901-201412. nc,绘制 1979 年 1 月共 31 天的日平均全球平均地表气温图,输出为 pdf 文件。每幅图上等值线用填色表示,且每种颜色所对应的数值一致。利用 convert 命令将 animation. ncl 脚本生成的 animation. pdf 文件转换成 animation. gif 文件,最后删除原先的 animation. pdf 文件。

参考文献

施宁,于恩涛,汪君,等,2017. NCL 数据处理与绘图实习教程[M]. 北京:气象出版社.

Bjerknes J,1966. A possible response of the atmospheric Hadley circulation to equatorial anomalies of ocean temperature[J]. Tellus,**18**(4):820-829.

Bjerknes J,1969. Atmospheric teleconnections from the equatorial Pacific[J]. Monthly Weather Review,**97**(3):163-172.

Computational & Information Systems Laboratory,NCAR,2017. NCL User Guide (V 1. 1) [EB/OL]. [2017-11-01]. http://www. ncl. ucar. edu/Document/Manuals/NCL_User_Guide/.

Computational & Information Systems Laboratory,NCAR,2017. The NCAR Command Language (Version 6. 4. 0)[CP/OL]. Boulder,Colorado:/UCAR/NCAR/CISL/VETS. [2017-11-01]. http://dx. doi. org/10. 5065/D6WD3XH5.

Dee D P,Uppala S M,Simmons A J,et al,2011. The ERA-Interim reanalysis:configuration and performance of the data assimilation system[J]. Quarterly Journal of the Royal Meteorological Society,137:553-597.

Eric Matthes,2016. Python 编程从入门到实践[M]. 袁国忠,译. 北京:人民邮电出版社.

Kanamitsu M,Ebisuzaki W,Woollen J,et al,2002. NCEP-DOE AMIP-II Reanalysis (R-2) [J]. Bulletin of the American Meteorological Society,**83**(11):1631-1643.

Masato G,Hoskins B J,Woollings T,2013. Wave-breaking characteristics of northern hemisphere winter blocking:a two-dimensional approach[J]. Journal of Climate,26:4535-4549.

North G R,Bell T L,Cahalan R F,et al,1982. Sampling errors in the estimation of empirical orthogonal functions[J]. Monthly Weather Review,**110**(7):699-706.

Thompson D W J,Wallace J M,1998. The Arctic Oscillation signature in the wintertime geopotential height and temperature fields[J]. Geophysical Research Letters,25:1297-1300.

Ying,M,Zhang W,Yu H,et al,2014. An overview of the China Meteorological Administration tropical cyclone database[J]. J. Atmos. Oceanic Technol. ,31:287-301.

附录　几个常用的绘图要素图示

　　这里给出所有的线型(图 A.1)、填充类型(图 A.2)和标识类型(图 A.3),每种类型都唯一对应一个数值。在使用中只要设定其对应的数值即可,如等值线用点线表示:res@cnLineDashPattern = 2(图 A.1);用小正方形填充等值线:res@cnFill-Pattern = 17(图 A.2);标识用加号表示:res@gsMarkerIndex = 2(图 A.3)。最后给出的是几个常用色板(图 A.4)。这些可方便读者查阅使用。

Predefined dash patterns

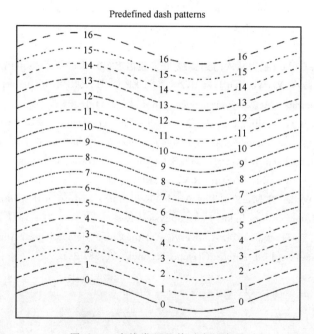

图 A.1　虚线类型及其对应的序号

Predefined fill patterns

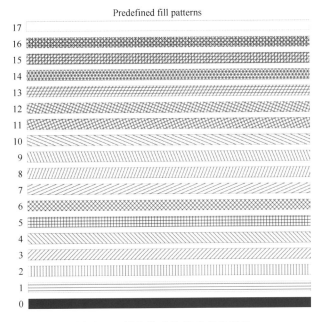

图 A.2　填充类型及其对应的序号

图 A.3　标识类型及其对应的序号

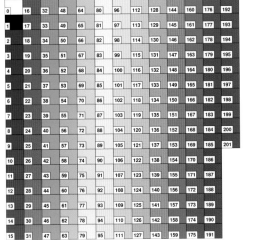

BlGrYeOrReVi200

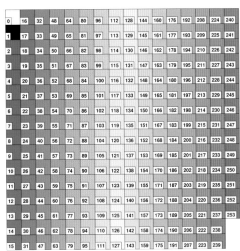

BlueRed

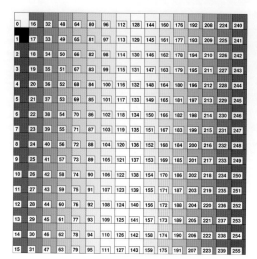

BlueWhiteOrangeRed

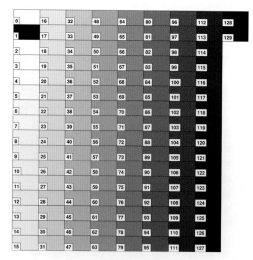

BlueYellowRed

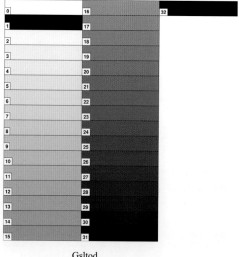

Gsltod

MPL_gist_yarg

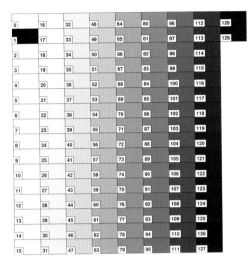

MPL_Greys

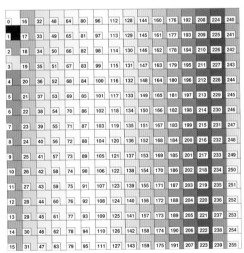

ncl_default

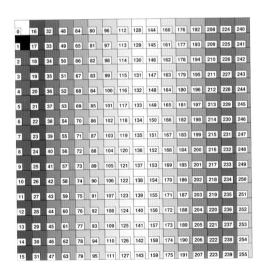

NUG_colormaps

OceanLakeLandSnow

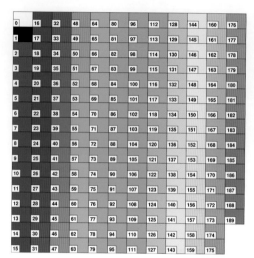

Rainbow

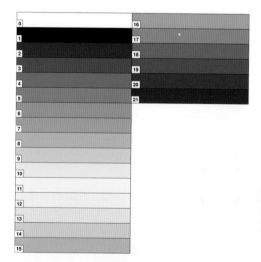

rainbow+gray

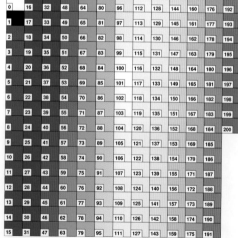

temp_19lev　　　　　　　　　　　　Testcmap

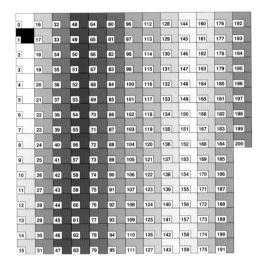

wh-bl-gr-ye-re

WhiteBlueGreenYellowRed

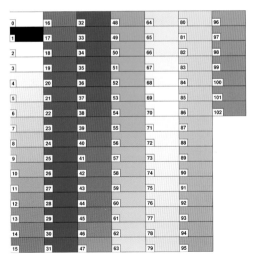

WhViBlGrYeOrRe

图 A.4　一些常用的色板及其名称

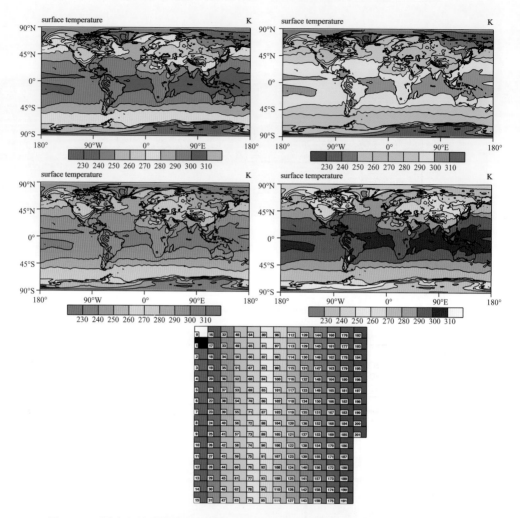

图 7.2　不同色板的绘图效果示意图，上左、上右、中左、中右、下图分别采用 ncl_default、rainbow、BlueRed、OceanLakeLandSnow 及 BlGrYeOrReVi200 色板

表 7.1　8 种颜色的 RGB 三元组

Red	Green	Blue	颜色	Red	Green	Blue	颜色
0	0	0		0	255	0	
255	255	255		0	0	255	
86	86	86		255	255	0	
255	0	0		255	128	65	

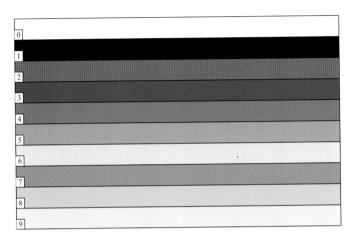

图 7.3　色板 new.rgb 所定义的颜色

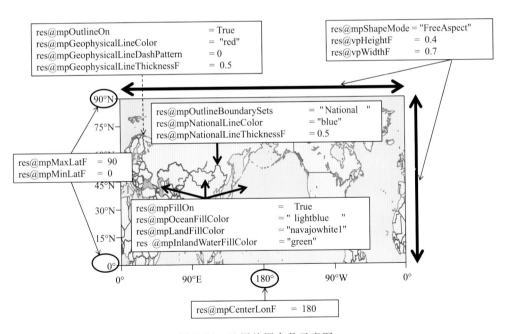

图 7.16　地图绘图参数示意图

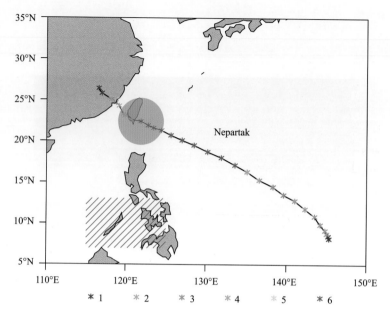

图 7.28 台风"尼伯特"最佳路径及其风圈范围(蓝色圈)

(注:图中给出的边界为海岸线及岛屿轮廓)

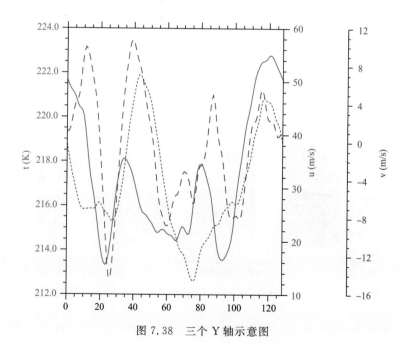

图 7.38 三个 Y 轴示意图

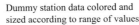

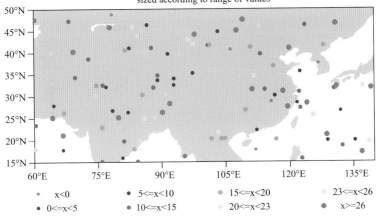

图 7.40　不同颜色及大小的散点图

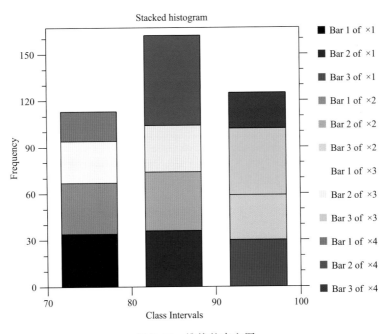

图 7.44　堆栈的直方图

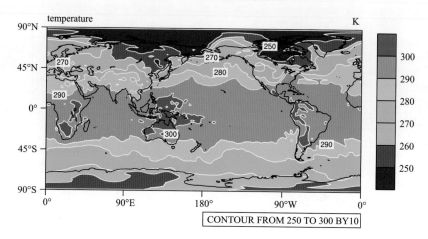

图 7.45　等值线及其标签绘图图

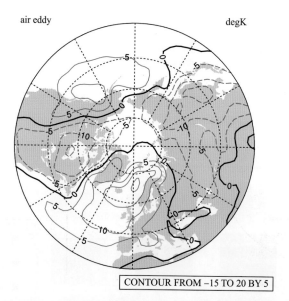

图 7.47　不同颜色和线型表示的正值、0 值和负值等值线

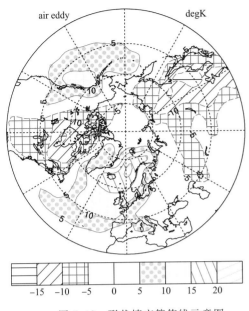

air eddy   degK

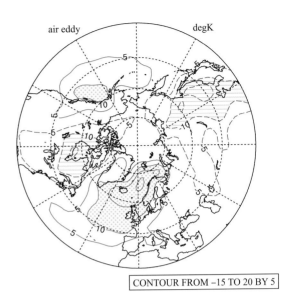

air eddy   degK

图 7.48　形状填充等值线示意图

CONTOUR FROM –15 TO 20 BY 5

图 7.49　形状填充示意图

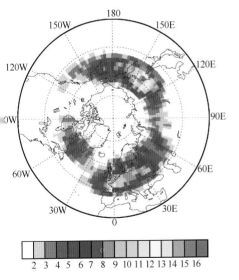

图 7.50　1979 年至 2010 年
冬季北半球阻塞事件中心的频次
分布图

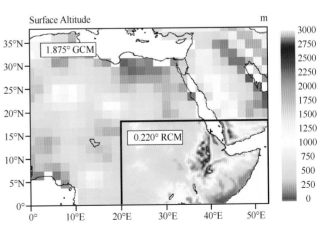

图 7.59　不同分辨率地图的叠加

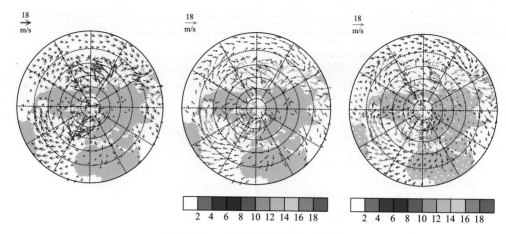

图 7.53　三种矢量式样的示意图

（从左至右分别为 FillArrow、LineArrow 和 CurlyVector）

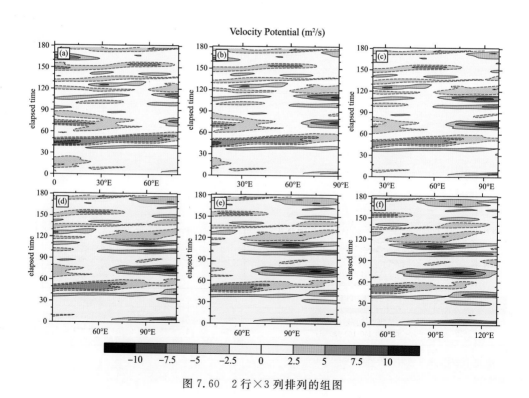

图 7.60　2 行×3 列排列的组图

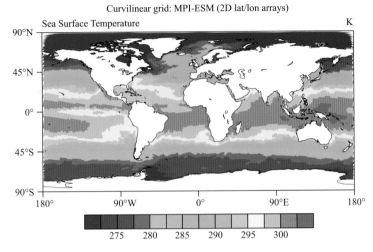

图 7.61 曲线网格的海表面温度

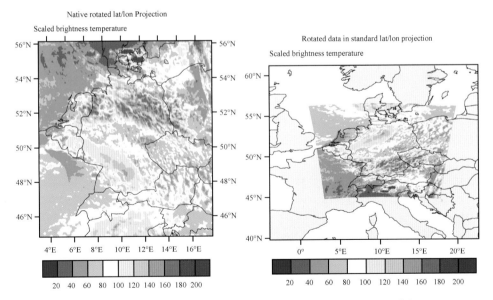

图 7.62 原投影地图(左)与标准经纬度地图(右)上的旋转网格数据

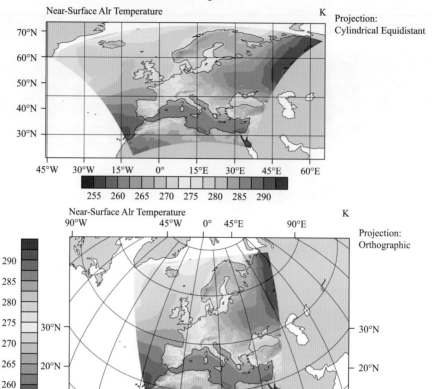

图 7.63 原投影地图(上)与正形投影地图(下)上的旋转网格数据

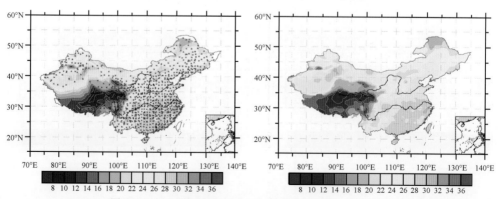

图 7.65 2016 年 7 月中国 839 站平均气温图(单位:℃)

(左图为直接绘制台站资料,图上黑信号表示各站点的位置,右图为使用客观分析转换成的格点资料)

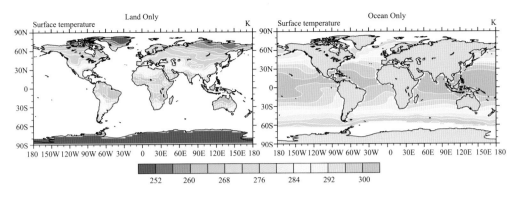

图 8.1　陆地(左)及海洋(右)地面气温

图 9.1　Sublime Text 编辑 NCL 脚本

图 9.2　Vim 编辑 NCL 脚本(此处为 MacVim)

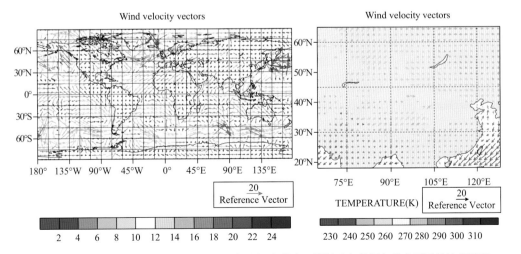

图 9.3　使用 PyNGL 汇制的全球风速和区域风速图,其中区域风速矢量颜色代表不同的地表温度

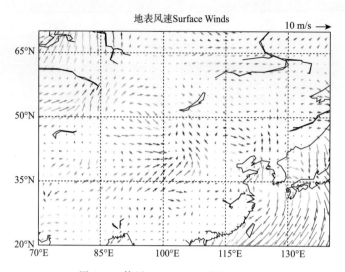

图 9.4　使用 Basemap 汇制风矢量图

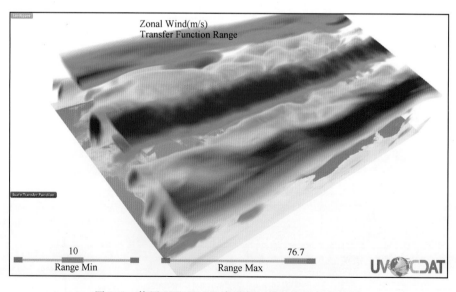

图 9.5　使用 UV-CDAT 来进行三维纬向风场的绘制